Gerhard Geiger
Ekbert Hering
Rolf Kummer

Kanban

Optimale Steuerung von Prozessen

4. Auflage

HANSER

Bibliografische Information der Deutschen Nationalbibliothek

Die Deutsche Nationalbibliothek verzeichnet diese Publikation in der Deutschen Nationalbibliografie; detaillierte bibliografische Daten sind im Internet über http://dnb.d-nb.de abrufbar.

http://www.hanser-fachbuch.de

Lektorat: Lisa Hoffmann-Bäuml

Herstellung: Carolin Benedix

Satz: mediaTEXT Jena GmbH, Jena

Umschlaggestaltung: Parzhuber & Partner GmbH, München

Umschlagrealisation: Max Kostopoulos

Druck und Bindung: Kösel, Krugzell

Printed in Germany

ISBN: 978-3-446-46261-8

eBook ISBN: 978-3-446-46440-7

Inhaltsverzeichnis

1 Wegweiser **7**

2 Einleitung **8**

2.1 Der Begriff Kanban 11
2.2 Entstehung von Kanban 13
2.3 Prinzip 14
2.4 Nutzen von Kanban 18
2.5 Gefahren und Grenzen von Kanban 22

3 Leitfaden zur Einführung von Kanban **23**

3.1 Grundsätzliche Vorgehensweise 23
3.2 Überprüfung der Kanban-Fähigkeit 23
3.2.1 Verbrauchsverlauf 24
3.2.2 Produkteigenschaften 26
3.2.3 Fertigung 28
3.2.4 Qualität 29
3.2.5 Informationsfluss 30
3.2.6 Materialfluss 32
3.2.7 Beschaffung 33
3.3 Auswahl und Festlegung der Regelkreise 34
3.4 Berechnung der Kanban-Größen 35
3.4.1 Wiederbeschaffungszeit 36
3.4.2 Sicherheitsbestand 37
3.4.3 Maximale Bestandsmenge 37
3.4.4 Kanban-Standardmenge 38
3.4.5 Ermittlung der Anzahl der Kanbans 39
3.5 Auswahl der Kanban-Hilfsmittel 39
3.5.1 Kanban-Karten 40
3.5.2 Kanban-Tafel 41
3.5.3 Funktionsweise Kanban-Tafel 42
3.5.4 Kanban-Behälter 43
3.5.5 Kanban-Transportwagen 44
3.5.6 Kanban-Steuerung über Stellflächen 45
3.5.7 Signale 46
3.6 Einführung von Kanban-Systemen 47
3.6.1 Ablaufoptimierung 48

3.6.2 Harmonisierung des Produktionsprogramms 49
3.6.3 Verkürzung von Rüstzeiten 49
3.6.4 Einbindung der Lieferanten 52
3.6.5 Mitarbeiter 53
3.6.6 Motivation 54
3.6.7 Neue Aufgaben des Disponenten 57
3.6.8 Aufgaben des Werkers 57
3.6.9 Auswirkungen auf das betriebliche Umfeld 58
3.6.10 Möglichkeiten der Erfassung von Daten 59
3.7 Spielregeln 60
3.8 Kontinuierliche Verbesserung des Systems 60
3.8.1 Systemcheck 63

4 Kanban-Steuerung mit Pendelkarten und Plantafel 65

4.1 Praxisbeispiel A-Teile 65
4.1.1 Auswahl der Kanban-geeigneten Produkte 66
4.1.2 Auswahl der Sachmittel 67
4.1.3 Spielregeln 70
4.1.4 Funktionsweise 70
4.1.5 Vorteile 71
4.1.6 Verringerung der Rüstvorgänge 71

5 Kanban-Steuerung mit Transportbehältern 74

5.1 Praxisbeispiel C-Teile 74
5.1.1 Merkmale des Systems 74
5.1.2 Auswahl der Kanban-geeigneten Produkte 75
5.1.3 Systemdimensionierung 75
5.1.4 Auswahl der Sachmittel 76
5.1.5 Funktionsweise 77
5.1.6 First-in-/First-out-Prinzip 78
5.1.7 Spielregeln 79
5.1.8 Vorteile 80

6 Kanban-Steuerung mit Signallampen 81

6.1 Praxisbeispiel Endmontage 81
6.1.1 Kanban-Informationstafel 81
6.1.2 Funktionsweise 83

7 Kanban-Steuerung mit Signalen und Pendelkarte 84

7.1 Praxisbeispiel Fertigwarenlager 84

7.1.1 Auswahl der Kanban-geeigneten Produkte 84

7.1.2 Auswahl der Sachmittel 84

7.1.3 Funktionsweise 85

7.1.4 Spielregeln 86

7.2 Praxisbeispiel Kopierpapier 87

7.2.1 Funktionsweise 88

8 Kanban-Steuerung mit Pendelkarten 89

8.1 Praxisbeispiel Büromaterial 89

8.1.1 Vorgehensweise zur Verbesserung 89

9 Kanban-Steuerung mit Plantafel und Pin 93

9.1 Praxisbeispiel Rohmaterial 93

9.1.1 Auswahl der Kanban-geeigneten Produkte 93

9.1.2 Funktionsweise 94

9.1.3 Kanban-Plantafel 95

9.1.4 Systemdimensionierung 96

9.1.5 Funktionsweise 98

9.1.6 Ablauf der Bestellung 100

9.2 Praxisbeispiel Pulverlack 100

10 Kanban zur Optimierung der Materialbereitstellung 104

10.1 Praxisbeispiel Materialflussoptimierung 104

10.1.1 Vorgehensweise 105

10.1.2 Visualisierung des Materialbedarfs 106

10.1.3 Funktionsweise 107

10.1.4 Einsparung 107

11 Kanban-Steuerung über Behälter mit Lieferanten 108

11.1 Praxisbeispiel Kleinteile/Schüttgut 108

11.1.1 Auswahl der Kanban-geeigneten Produkte 109

11.1.2 Auswahl der Sachmittel 109

11.1.3 Systemdimensionierung 109

11.1.4 Funktionsweise 110

11.1.5 Kanban-Regelkreis 112

11.1.6 Spielregeln 112

12 Kanban-Steuerung über E-Mail oder Faxabruf 114
12.1 Praxisbeispiel Kartonagen 114
12.1.1 Auswahl der Kanban-geeigneten Produkte 115
12.1.2 Auswahl der Sachmittel 116
12.1.3 Systemdimensionierung 116
12.1.4 Funktionsweise des Kanban-Systems 118
12.1.5 Funktionsweise 120
12.1.6 Spielregeln 121
12.1.7 Nutzen 122
13 Elektronischer Kanban 123
14 Der Einsatz von Kanban Boards 126
Literatur 128

1 Wegweiser

Dieses Buch wendet sich an Praktiker. Die folgenden drei Symbole führen Sie schnell zum Ziel:

Dieses Symbol markiert **Anwendungstipps**: Hier erfahren Sie, wie Sie bei der Umsetzung am besten vorgehen.

Hier geben wir Ihnen **Praxisbeispiele**, die zeigen, wie die Thematik von anderen konkret umgesetzt wird.

Wo Sie dieses Symbol sehen, weisen wir Sie auf **Hürden und Hindernisse** hin, die einer Umsetzung erfahrungsgemäß oft im Wege stehen.

2 Einleitung

Einleitung Veränderungen in der Unternehmensumwelt erfordern auch Veränderungen in den Unternehmen. Heute reicht es nicht mehr aus, **Kundenwünsche** *nur* zu befriedigen:

> Jedes erfolgreiche Unternehmen muss die Wünsche der Kunden übertreffen.

Nur durch die kompromisslose Kundenorientierung kann ein Unternehmen in Zukunft bestehen. Die Märkte werden um die Unternehmen bereinigt, welche die Veränderungen der Unternehmensumwelt nicht wahrnehmen und nicht reagieren. Hat ein Unternehmen den Wandel der Zeit erkannt und begriffen, dass es reagieren kann, so reicht es allerdings nicht aus, den Hebel nur in der Abteilung anzusetzen, die in direktem Kontakt mit dem Kunden steht und somit für die Beziehungen zwischen Unternehmen und Kunden zuständig ist. Um Kundenwünsche erfolgreich zu übertreffen, muss das ganze Unternehmen, jede Mitarbeiterin und jeder Mitarbeiter die Notwendigkeit des Handelns erkennen und leben.

Die Veränderungen der Unternehmensumwelt und die daraus entstehenden Veränderungen im Unternehmen müssen alle Teilbereiche der Firma umfassen.

> Nur die ständige Verbesserung der drei Hauptziele **Qualität, Kosten und Zeit** führt in eine gesicherte Zukunft.

Um Kundenwünsche übertreffen zu können, müssen auch Veränderungen der bisherigen Produktionsstrukturen und -prozesse vorgenommen werden. Herkömmliche **Produktionssteuerungskonzepte** haben oft zum Ergebnis:

- Überhöhte Bestände
- Lange Durchlaufzeiten
- Hoher Steuerungsaufwand
- Geringe Lieferfähigkeit
- Verschwendung
- Mangelnde Flexibilität
- Demotivierte Mitarbeiter
- Unzufriedene Kunden
- Terminjägerei

In diesem Buch werden Möglichkeiten aufgezeigt, die diesen Defiziten entgegenwirken. Es wird ein Leitfaden entwickelt, mit dessen Hilfe jedes Unternehmen seine Produktionsstrukturen analysieren kann. Bei entsprechender Eignung können selbststeuernde Kanban-Systeme, die jeder Mitarbeiter beherrschen kann, eingeführt werden. Das **Ergebnis** soll sein:

- Niedrige Bestände
- Kurze Durchlaufzeiten
- Geringer Steuerungsaufwand
- Höhere Lieferfähigkeit
- Vermeidung von Verschwendung
- Größere Flexibilität
- Motivierte Mitarbeiter
- Zufriedene Kunden

Dieser Leitfaden mit erprobten und sofort umsetzbaren Praxisbeispielen hilft, **Kanban** in Unternehmen **erfolgreich einzuführen** und so die Wettbewerbsfähigkeit zu erhalten.

Herkömmliche Produktionsplanungs- und -steuerungs-systeme (PPS) benötigen einen hohen Aufwand für Steuerung, Datenverarbeitung, Kommunikation und Papier.

Ziel eines jeden Unternehmens muss es sein, diese Verschwendung an Zeit und Ressourcen zu minimieren und die Effizienz der PPS-Systeme zu erhöhen. Erforderlich ist allerdings, die Sicherheit der PPS-Systeme und der Produktion zu gewährleisten.

Zur Erreichung dieses Ziels kommen selbststeuernde Systeme in Frage. Bei diesen Systemen werden mit einem minimalen Eingriff einer zentralen Steuerung einzelne Regelkreise einer Selbststeuerung überlassen.

Damit selbststeuernde Systeme sicher und effizient funktionieren, sind folgende **Voraussetzungen** notwendig (Bild 1):

- Klare Regeln
- Kurze Regelkreise
- Entsprechende Randbedingungen
- Absprachen mit dem betrieblichen Rechnungswesen und dem Controlling
- Qualifizierte
- und motivierte Mitarbeiter

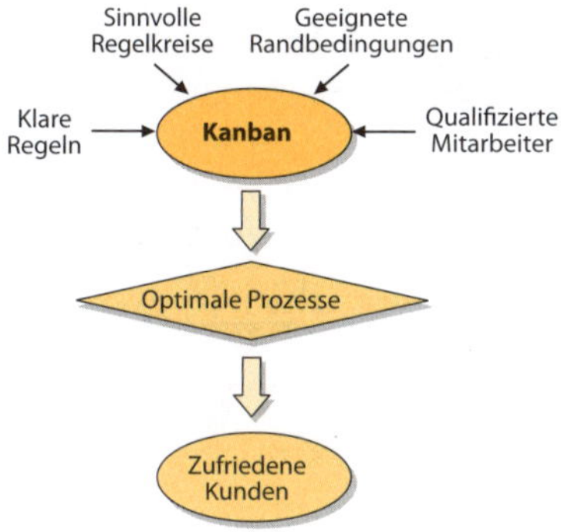

Bild 1: Bedingungen und Auswirkungen von Kanban

2.1 Der Begriff Kanban

Kanban (japanisch 看板, deutsch Karte, Tafel, Beleg) ist eine Methode der selbststeuernden Produktion nach dem **Hol- oder Pullprinzip**. Der Materialfluss ist hierbei vorwärts gerichtet (vom Erzeuger zum Verbraucher), während der Informationsfluss rückwärts gerichtet ist (vom Verbraucher zum Erzeuger).

Ständige Eingriffe einer zentralen Steuerung sind im Kanban-System überflüssig.

Das Kanban-System im eigentlichen Sinne ist ein Informationssystem, um die Produktionsprozesse **harmonisch** und **effizient** zu steuern.

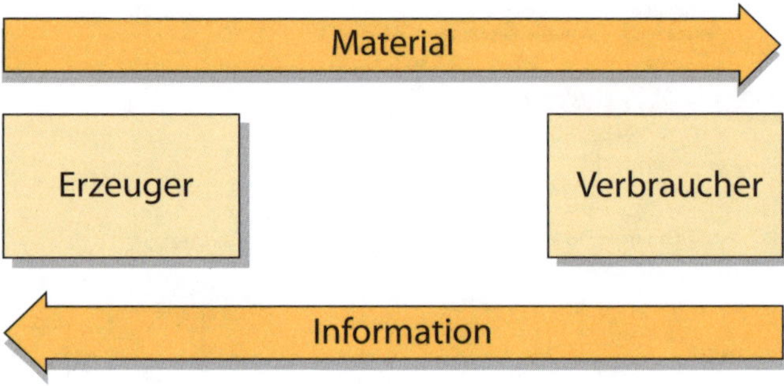

Bild 2: Material- und Informationsfluss

Die Kanban-Steuerung wird auch oft als **Supermarktprinzip** bezeichnet (Bild 3).

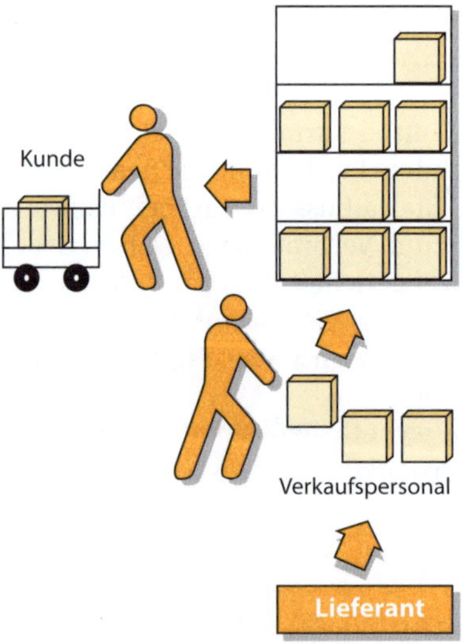

Bild 3: Supermarktprinzip

In einem Supermarkt werden dem Verbraucher Waren zum Kauf angeboten. Der Verbraucher entnimmt die benötigte Ware aus dem Regal, und das Personal des Supermarkts füllt das Regal nach Bedarf wieder auf. Üblicherweise entnimmt das Verkaufspersonal die Ware aus einem Zwischenlager im Supermarkt. Dadurch werden Bestände aufgebaut, die dem System Sicherheit geben, aber die Prozesse verteuern. In einigen Supermärkten gibt es keine Zwischenlager; die Lieferanten übernehmen die Bestückung der Regale. Diese Prozesssteuerung hängt allerdings von räumlichen Entfernungen, Lieferzeiten und Kundennachfragen ab.

Bei einer Kanban-Steuerung wird dieses Prinzip auf einen Produktionsablauf übertragen:

Die Montage eines Unternehmens fertigt Produkte und entnimmt alle benötigten Komponenten aus einem Regal. Die vorgeschalteten Abteilungen oder die Lieferanten füllen die Regale wieder selbstständig auf.

- Der Kunde entnimmt die gewünschte Ware.
- Das Verkaufspersonal erhält ein sichtbares Signal zum Auffüllen des Regals.
- Der Lieferant liefert entsprechend Ware nach.

2.2 Entstehung von Kanban

Um im Wettbewerb mit amerikanischen Unternehmen bestehen zu können, begann die Toyota Motor Company in Japan 1947 mit der Entwicklung eines neuen Systems zur Planung und Steuerung der Produktion. Ziele waren die Steigerung der Produktivität und die Senkung der Kosten. Um diese Ziele zu erreichen, wurde von Taicchi Ohno das Toyota Production-System entwickelt. Bestandteil dieses Systems war die **Just-in-Time-Produktion**. Damit die benötigten Teile in der benötigten Menge zur benötigten Zeit an der richtigen Stelle ankommen, muss kommuniziert werden. Als Medium zur Informationsübertragung wurden **Karten** (jap. = **Kanban**) verwendet, die zwischen Verbrauchern und Produzenten pendelten.

Auf diese Art und Weise werden Prozesse einfach und transparent gesteuert.

Kanban wurde Ende der 70er Jahre in den westlichen Industrieländern bekannt und hat sich bis heute zu einem umfassenden System zur Planung und Steuerung von Produktionssystemen entwickelt.

Damit die **Vorteile** einer Kanban-Steuerung voll zur Geltung kommen, muss das betriebliche Umfeld angepasst und optimiert werden.

Somit ist Kanban heute viel mehr als nur ein Informationssystem zur Steuerung einer Produktion, sondern ein Instrument, um die gesamten Prozesse in Unternehmen zu **optimieren**.

2.3 Prinzip

Bei einer Kanban-Steuerung im ursprünglichen Sinne wird nur gefertigt, wenn ein echter Kundenbedarf vorliegt. Die Losgrößen werden auf Tageslose heruntergebrochen, bzw. es wird nach dem Prinzip des **One-piece Flow** gearbeitet.

Bei herkömmlichen Systemen besteht eine Bringpflicht, d. h. die produzierende Stelle bringt das Material zu der verbrauchenden Stelle. Im Gegensatz hierzu besteht bei Kanban-Systemen eine **Holpflicht**, wobei der Verbraucher (Senke) sich das benötigte Material beim Produzenten (Quelle) holt.

Die produzierende Stelle braucht ein **Signal**, welche Teile in welcher Menge und zu welchem Zeitpunkt bei der verbrauchenden Stelle benötigt werden. Dieses Signal wird durch ein **Kanban** ausgelöst.

Trifft ein Kanban bei dem Produzenten ein, beginnt dieser, die benötigten Teile bereit- oder herzustellen. Diese angeforderten Teile werden in festgelegten Behältern unter Beachtung bestimmter Regeln zur verbrauchenden Stelle geschickt. Entsteht bei der verbrauchenden Stelle wieder ein Bedarf, so wiederholt sich dieser Ablauf erneut (Bild 4).

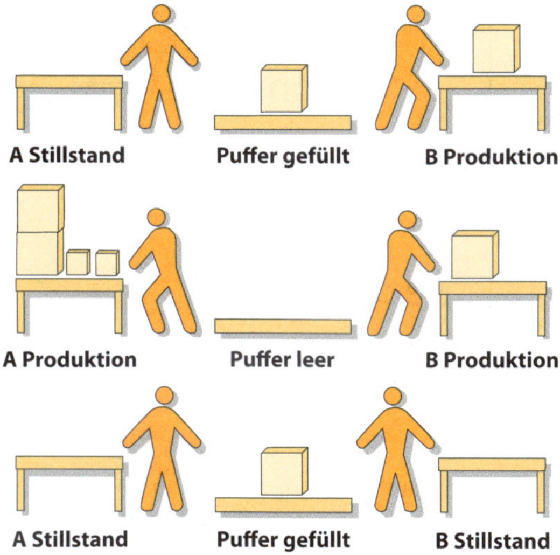

Bild 4: Funktionsweise Kanban

Der Regelkreis zwischen den zwei Prozessen A und B wird einer **totalen Selbststeuerung** überlassen. Die Produktion erfolgt nur, wenn ein konkreter Bedarf vorliegt. Für die

Quelle (A) ist der leere Puffer das Signal für die Produktion. Ist der Puffer gefüllt, so wird nicht produziert. Je nach betrieblichen Gegebenheiten können die Puffer angepasst bzw. ganz aufgelöst oder andere Signale (z. B. Kanban-Karten) eingesetzt werden.

Der Einsatz von Kanban erfolgt jeweils zwischen einer **Materialquelle** (Erzeuger/Lieferant) und einer **Materialsenke** (Verbraucher). Dies können zum Beispiel die Bearbeitung von Rohmaterial in der Stanzerei und die erste Bearbeitungsstufe in der Fertigung sein (Bild 5).

Bild 5: Einsatz von Kanban

Je nach betrieblichen Voraussetzungen können mehrere solcher Regelkreise auf diese Art gesteuert und somit Abläufe vom Lieferanten bis hin zum Kunden über Kanban gelenkt werden (Bild 6).

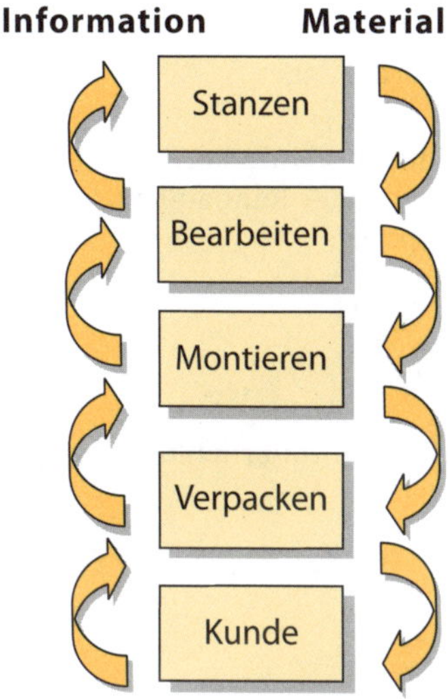

Bild 6: Verkettung von Kanban-Prozessen

Die Kommunikation zwischen Erzeuger und Verbraucher kann mit folgenden unterschiedlichen Kanban-Hilfsmitteln erreicht werden:

- Behälter
- Karten
- Transportwagen
- Signale
- Stellflächen

Damit solche selbststeuernden Abläufe sicher funktionieren, sind **genaue Regeln** festzulegen und einzuhalten. Diese sind vor allem:

- Materialbereitstellung nur dann, wenn ein Kanban vorliegt

- Einhaltung der Mengen und Termine
- Einhaltung der Qualitätsanforderungen

Die verschiedenen Kanban-Hilfsmittel, die Berechnung der Kanban-Größen und die Festlegung der Kanban-Regeln werden im Leitfaden (Seite 25) erläutert.

2.4 Nutzen von Kanban

Durch die Einführung von Kanban in Unternehmen ergeben sich zahlreiche **Verbesserungen**:

- Verbesserung der Qualität durch frühzeitige Fehlererkennung
- Motivierte Mitarbeiter
- Transparente Prozesse
- Geringerer Steuerungsaufwand
- Schnellere Prozesse
- Geringere Umlaufbestände
- Bessere Ordnung und Sauberkeit
- Höhere Verfügbarkeit
- Sichere Prozesse
- Keine Probleme durch Fehlbuchungen

Ein Unternehmen konnte das in Bestände gebundene Kapital durch die Einführung von Kanban von 500.000 € innerhalb von 15 Monaten auf 200.000 € reduzieren (Bild 7). Zusätzlich konnten Teile des Lagers an Fremdfirmen vermietet und somit die enormen Kosten der Lagerhaltung noch einmal verringert werden.

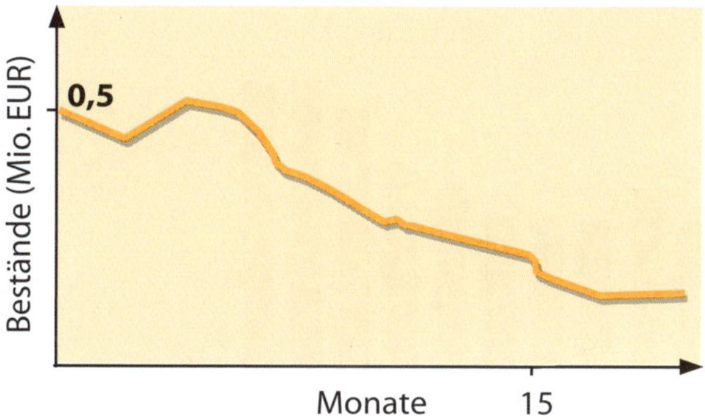

Bild 7: Bestandssenkung

Durch schnellere und sicherere Prozesse bewirkt Kanban eine **Steigerung der Liefertreue** und eine Verkürzung der Lieferzeiten. In herkömmlichen Systemen können sicher geglaubte Lieferungen nicht erfolgen, da Bestände laut IT zwar vorhanden sind; in der Realität sind diese Bestände aber oft nicht auffindbar. Des Weiteren wird durch den Aufbau von Beständen ein Vorrat an veralteten Produkten angelegt.

Bild 8 zeigt die Auswirkungen von Kanban auf die Liefertreue in einem metallverarbeitenden Betrieb. Die Einhaltung der Liefertermine stieg binnen zehn Monaten nach der Einführung von Kanban um 30 %. Dadurch wurde die Kundenzufriedenheit ebenso gesteigert.

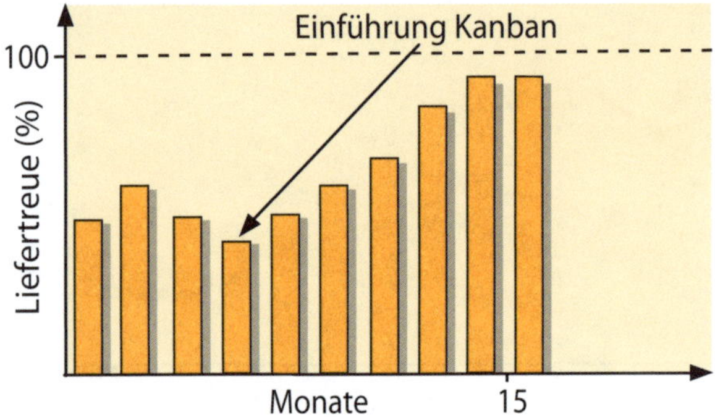

Bild 8: Erhöhte Liefertreue

Durch Kanban wird eine **frühzeitige Fehlerkennung** möglich. Da nur 100 % Gutteile an die nächste Abteilung weitergehen, werden entstandene Qualitätsmängel sofort erkannt und können noch im Ausgangsprozess behoben werden. Somit wird eine Qualitätssicherung direkt an der Quelle betrieben, was hohe Nacharbeitungskosten vermeidet. Des Weiteren können Schwierigkeiten und Problemstellen in betrieblichen Abläufen schnell und sicher an der Entstehungsstelle behoben werden.

Bild 9 zeigt den Verlauf der Kosten für das Unternehmen je nach Zeitpunkt der Fehlererkennung. Bei einer frühzeitigen Fehlererkennung in der ersten Stufe der Fertigung entstehen relativ geringe Kosten für das Nacharbeiten. Mit zunehmendem Fortschritt erhöhen sich diese Kosten immer stärker. Zusätzlich zu den reinen Nacharbeitungskosten entstehen Kosten für Umplanungen, Transport und zusätzliche Kontrollen.

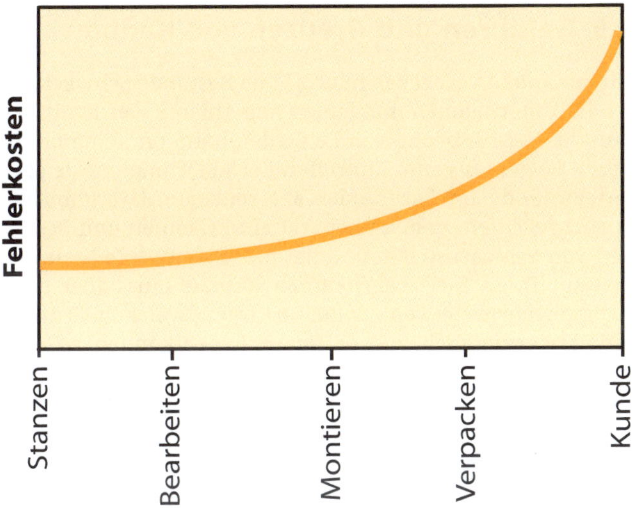

Bild 9: Fehlererkennung/Vorteil von früher Erkennung

Die **Erkennung eines Fehlers** beim Kunden erhöht diese Kosten um ein Vielfaches. Des Weiteren kommt noch die Unzufriedenheit des Kunden und damit eventuell Umsatzverluste hinzu.

Der Nutzen von Kanban und die dadurch erreichten Verbesserungen sollten kommuniziert und an den jeweiligen Kanban-Steuerungen vor Ort visualisiert werden.

Kommunikation von Nutzen und Verbesserungen durch Kanban schafft mehr Akzeptanz und erhöht die Motivation der Mitarbeiter.

2.5 Gefahren und Grenzen von Kanban

Ohne Kanban verdecken häufig hohe Bestände Schwachstellen im Unternehmen und fehlerfreie Abläufe werden vorgetäuscht. Die Lieferung von Fehlteilen hatte oft keine besonderen Folgen: Bis zum Eintreffen der Lieferung wurde eben auf Bestände im Lager oder auf sonstige Materialburgen zurückgegriffen. Kanban bewirkt ein Erkennen und Beseitigen von Schwachstellen und hat u. a. **Bestandsreduzierungen** zur Folge. Die Sicherheit der Systeme muss aber trotzdem gewährleistet sein. Sollte aus irgendwelchen Gründen eine Lieferung nicht *Just in Time* erfolgen können, so kann das einen Stillstand der Produktion zur Folge haben. dieses Risiko kann nie ganz ausgeschlossen werden, im Kanban-System sollte ein solcher Stillstand immer weitere Verbesserungen auslösen.

Eventuelle Gefahren durch unerwartete Bedarfsschwankungen müssen erkannt und durch geeignete **Warnsysteme** beseitigt werden.

Bedarfsschwankungen sind systemunabhängig.

Solche Warnsysteme können z. B. bereits im Vertrieb installiert werden: Wird dort eine drastische Veränderung des Bedarfs festgestellt, so kann dies unverzüglich der Fertigung mitgeteilt werden. Dort kann dann schnell auf die veränderten Gegebenheiten reagiert werden.

3 Leitfaden zur Einführung von Kanban

3.1 Grundsätzliche Vorgehensweise

Um Kanban erfolgreich im Unternehmen einzuführen, hat sich folgende Vorgehensweise bewährt:

- Überprüfung der Kanban-Fähigkeit
- Auswahl und Festlegung der Regelkreise
- Berechnung der Kanban-Größen
- Auswahl der Kanban-Hilfsmittel
- Einführung von Kanban-Systemen

Diese **Vorgehensweise** sollte unbedingt vor der Einführung von Kanban sorgfältig durchdacht werden.
Wenn Kanban eingeführt wird, das System aber nicht funktioniert, da einer der oben erwähnten Punkte nicht beachtet wurde, so wird es sehr schwer, die Akzeptanz für dieses neue System wiederherzustellen.

3.2 Überprüfung der Kanban-Fähigkeit

Um eine Überprüfung der Kanban-Fähigkeit durchzuführen, müssen für alle potenziellen Kanban-Teile die in Bild 10 dargestellten Kriterien überprüft werden.

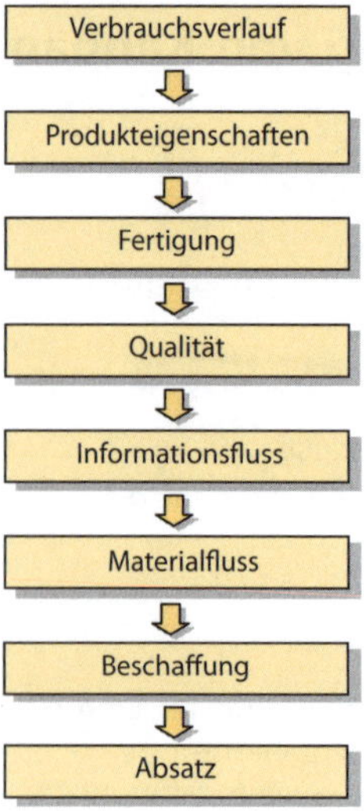

Bild 10: Überprüfung der Kanban-Fähigkeit

3.2.1 Verbrauchsverlauf

Für Kanban sind Teile geeignet, die nur geringe Verbrauchsschwankungen aufweisen und eine relativ hohe **Vorhersagegenauigkeit** haben.

Um eine Klassifizierung der Verbrauchsverläufe durchzuführen, eignet sich die **XYZ-Analyse**: Dabei werden die Teile nach der Möglichkeit eingeteilt, den zukünftigen Bedarf im Voraus zu planen. Betrachtet man den Verbrauch der Materialarten über einen längeren Zeitraum (Bild 11), so ist festzustellen, dass es Materialien gibt, die in relativ konstanter

Menge benötigt werden (X: stetiger Verbrauch). Bei anderen Materialien ist der Verbrauch durch bestimmte Schwankungen gekennzeichnet (Y: halb stetiger Verbrauch), und schließlich gibt es Materialien, deren Verbrauch völlig unregelmäßig ist (Z: stochastischer Verbrauch).

X-Teile	Hohe Vorhersagegenauigkeit (stetiger Verbrauch)
Y-Teile	Mittlere Vorhersagegenauigkeit (halb stetiger Verbrauch)
Z-Teile	Niedrige Vorhersagegenauigkeit (stochastischer Verbrauch)

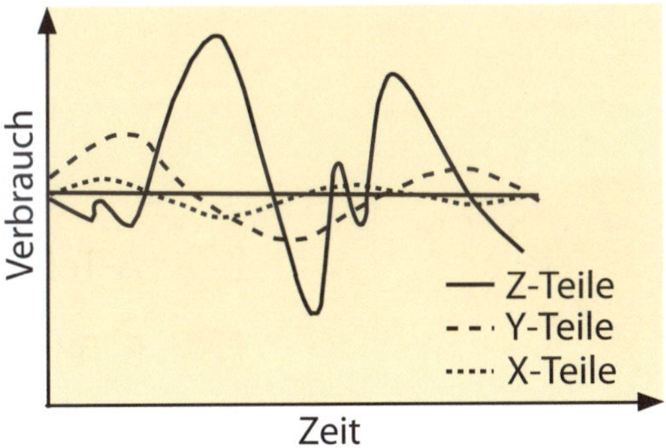

Bild 11: Verbrauchsverläufe

X-Teile sind besonders für Kanban geeignet.

Neben der XYZ-Analyse eignen sich Daten über den zukünftig zu erwartenden Verbrauch.

Es sollten alle zur Verfügung stehenden Quellen für die Beschreibung des **Verbrauchsverlaufs** genutzt werden.

Sollten keine geeigneten Daten zur Verfügung stehen, so muss der Planer mit Schätzwerten arbeiten. Dies gilt vor allem bei der Einführung neuer Produkte.

3.2.2 Produkteigenschaften

Die größten **Einsparungen und Vorteile** werden mit Teilen erreicht, die für das Unternehmen von besonderer Bedeutung sind.

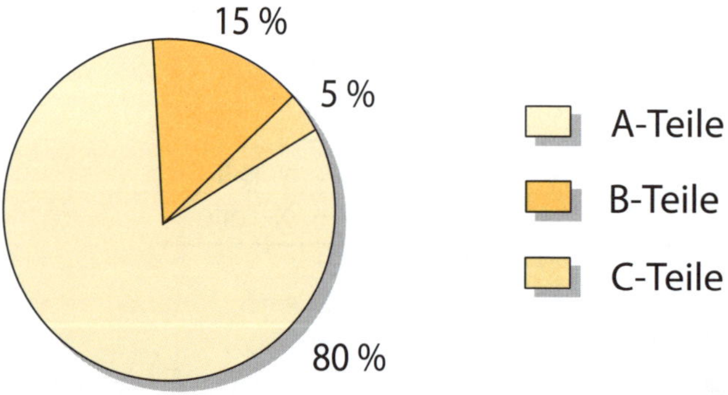

Bild 12: Wertanteil

Um diese Teile zu ermitteln, eignet sich eine ABC-Analyse für Werte und Mengen (Bild 12, Bild 13).

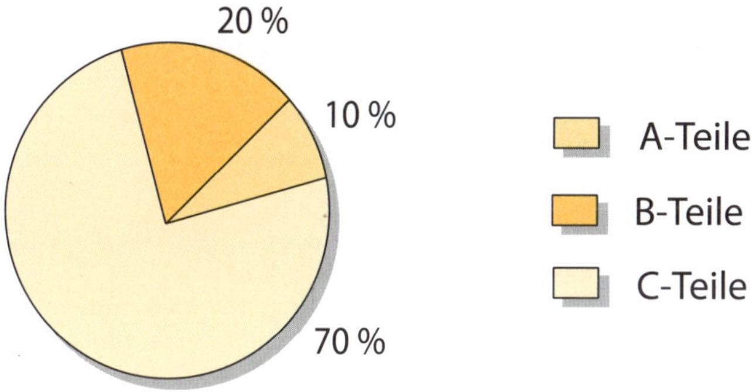

Bild 13: Mengenanteil

Häufig stellt eine relativ geringe Anzahl an Teilen den größten Teil des Verbrauchs dar. Mit Hilfe der **ABC-Analyse** werden diese Teile ermittelt und klassifiziert.

A-Teile	Teile, die in besonders großen Mengen verbraucht werden und/oder deren wertmäßiger Verbrauch über einen definierten Zeitverlauf besonders hoch ist. 80 % des Gesamtwertes aller Teile entfallen auf ca. 10 % des Gesamtbestandes.
B-Teile	Teile, deren wertmäßiger Verbrauch sich im mittleren Bereich bewegt. 15 % des Gesamtwertes aller Teile entfallen auf etwa 20 % des Gesamtbestandes.
C-Teile	Teile, deren wertmäßiger Verbrauch besonders gering ist oder die selten eingesetzt werden und/ oder sehr preisgünstig sind. 5 % des Gesamtwertes aller Materialien entfallen auf ca. 70 % des Gesamtbestandes.

A-Teile sind besonders für Kanban geeignet.

Neben einer ABC-Analyse sollten noch folgende Produkteigenschaften berücksichtigt werden:

Entwicklungsstand

- Wo steht das Produkt im Lebenszyklus?
- Wie häufig werden noch Änderungen vorgenommen?
- Sind das Produkt und die Produktionsverfahren ausgereift?

Produktcharakteristik

- Größe
- Form
- Handling

Produktstruktur

- Wie viele Bestandteile und Varianten umfasst das Produkt? (Siehe Stücklisten)
- Können Baugruppen gebildet werden?
- Wie häufig müssen Sonderwünsche berücksichtigt werden?

Für Kanban sind **ausgereifte Teile** geeignet, denen relativ einfache Stücklisten hinterlegt sind und bei denen selten Sonderwünschen entsprochen werden muss.

3.2.3 Fertigung

Bei der Fertigung von potenziellen Kanban-Teilen müssen folgende Fragen beantwortet werden:

Fertigungsverfahren

- Welche Fertigungsverfahren liegen zugrunde?
- Wie sicher werden diese beherrscht?
- Wie flexibel kann gefertigt werden?
- Wie sicher beherrscht man das Umrüsten?

Zeiten

- Welche Durchlaufzeiten werden erreicht?
- Welche Rüstzeiten werden benötigt?
- Wie schnell kann auf Änderungen reagiert werden?

Auslastung

- Stehen zusätzliche Kapazitäten zur Verfügung?
- Besteht die Möglichkeit zur Schaffung von Ausweicharbeitsplätzen?
- Wo entstehen Engpässe? Personal
- Wie flexibel ist der Personaleinsatz?
- Wie zuverlässig und qualifiziert ist das Personal?
- Welche Verantwortung kann das Personal übernehmen?

Für Kanban sollte eine möglichst flexible, beherrschte und schnelle **Fertigung** mit zuverlässigem und qualifiziertem **Personal** vorhanden sein.

3.2.4 Qualität

Immer wichtiger wird der Aspekt Qualität. Auch nach der Einführung von Kanban müssen die geforderten Qualitätsmerkmale erreicht bzw. übertroffen werden. Damit dies gelingt, muss auch dieser Faktor auf die Kanban-Tauglichkeit hin überprüft werden. Zu berücksichtigen sind hierbei:

Anforderungen

- Welche Qualitätsanforderungen werden an das Produkt gestellt?

Einhaltung

- Können diese Anforderungen erfüllt werden?
- Wie problematisch ist diese Einhaltung?
- Wie sieht die Fehlerstatistik aus?

Schwachstellen

- Wo sind Schwachstellen?
- Wie häufig muss nachgearbeitet werden?
- Wie aufwändig ist die Nacharbeit?

Für Kanban sind Produkte geeignet, deren **Qualitätsanforderungen relativ gut erfüllt** werden und bei denen selten Nacharbeit nötig ist.

3.2.5 Informationsfluss

Für die Analyse des Informationsflusses im Unternehmen sind Informationsflussdiagramme sehr hilfreich (Bild 14).

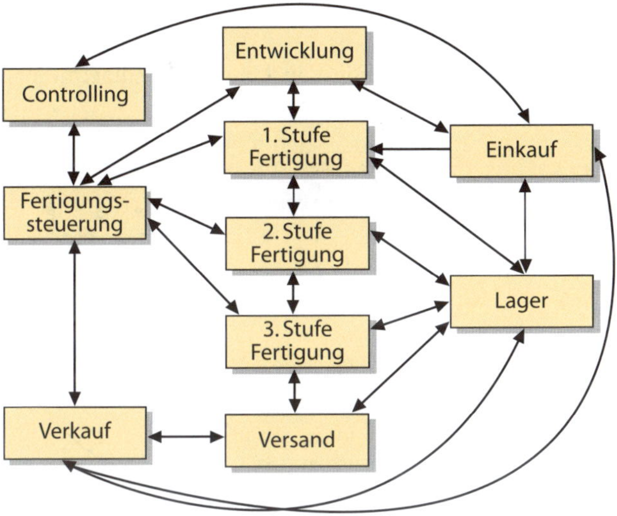

Bild 14: Informationsflussdiagramm

Folgende Merkmale sollten berücksichtigt werden:

- Organisation und Strukturierung
- Wie schnell kann kommuniziert werden?
- Wer gibt die Signale?

Kommunikationsmedium:

- Durch welches Medium wird kommuniziert?

Für Kanban ist ein schneller, sicherer und möglichst einfacher Informationsfluss vorteilhaft.

3.2.6 Materialfluss

Auch hier ist die Erstellung von Materialflussdiagrammen sehr hilfreich (Bild 15):

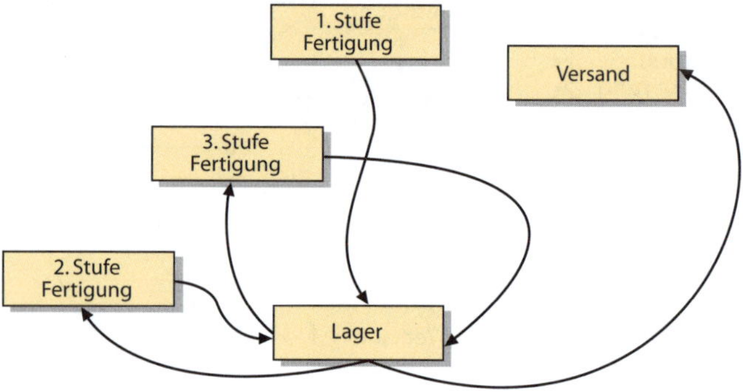

Bild 15: Materialflussdiagramm

Dabei sollten folgende Aspekte beachtet werden:

Organisation

- Wer ist Lieferant?
- Wer ist Verbraucher?
- Welche Wege werden zurückgelegt?
- Wie lange dauert der Transport?

Schwachstellen

- Wann treten Engpässe auf?
- Wo treten Engpässe auf?
- Wo entstehen Materialburgen?

Für Kanban ist ein möglichst geradliniger, schneller und reibungsloser **Materialfluss** vorteilhaft.

3.2.7 Beschaffung

In jedem Prozess werden Teile benötigt. Diese werden entweder von einem anderen innerbetrieblichen Prozess bereitgestellt oder von externen Lieferanten. Damit Kanban sicher funktioniert, müssen die externen Lieferanten mit in das System integriert werden. Es sollte hierbei mit derselben Sorgfalt wie bei jedem innerbetrieblichen Prozess auch vorgegangen werden. Nur wenn alle Beteiligten optimal integriert und geschult sind, kann eine optimale Steuerung der Abläufe erreicht werden.

Bevor die Lieferanten integriert werden, sollte Folgendes untersucht werden:

- Wie ist der Lieferant organisiert?
- Wie termingenau erfolgen die Lieferungen?
- Ist der Lieferant in der Lage, die Teile in der geforderten Qualität und Menge zu liefern?
- Wie flexibel ist der Lieferant?
- Wie sind die räumlichen Entfernungen?

Für Kanban werden zuverlässige **Lieferanten** benötigt.

Wie die Kanban-Fähigkeit von potenziellen Kanban-Teilen festgestellt werden kann, wird in Bild 16 beschrieben. Sollte bei bestimmten Kriterien keine Kanban-Eignung vorliegen, so sollten Sie diese Kriterien noch genauer überprüfen und, wenn sinnvoll, eine Kanban-Fähigkeit herstellen.

Eignen sich Teile nicht für eine Kanban-Steuerung, so kann versucht werden, **Kanban-Prinzipien** wenigstens teilweise anzuwenden und somit Verbesserungen zu erreichen.

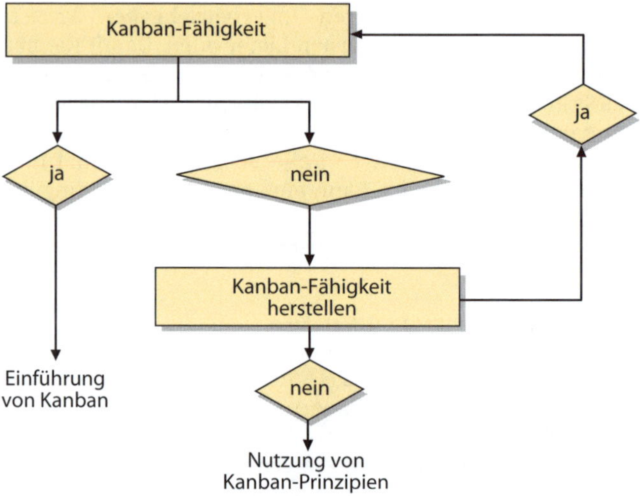

Bild 16: Ablauf Kanban-Fähigkeit

3.3 Auswahl und Festlegung der Regelkreise

Wurden bei der Überprüfung der Kanban-Fähigkeit die Teile identifiziert, die über Kanban gesteuert werden können, so muss nun festgelegt werden, welche **Regelkreise** mit Hilfe von Kanban gesteuert werden sollen.

Vorgehensweise:

- Erstellen von genauen Material- und Informationsflussdiagrammen der betreffenden Abläufe
- Aufzeigen von Prozessabläufen
- Überprüfen der Notwendigkeit und Vollständigkeit der beschriebenen Prozesse und gegebenenfalls Durchführen von Korrekturen
- Versuchen, alle Optimierungsmöglichkeiten zu realisieren
- Erstellen neuer Material- und Informationsflussdiagramme
- Festlegen, welche Regelkreise über Kanban gesteuert werden sollen

3.4 Berechnung der Kanban-Größen

Folgende Größen beeinflussen eine Kanban-Steuerung:

- Optimale Losgröße
- Wiederbeschaffungszeit
- Sicherheitsbestand
- Maximale Bestandsmenge
- Kanban-Standardmenge
- Anzahl der Kanbans

Für die Berechnung der optimalen Losgröße eignet sich die klassische **Andler-Formel** als Ausgangspunkt. Positive Begleiterscheinungen von Losgrößenreduzierungen, die viele Berechnungsarten nicht berücksichtigen, sollte man hierbei unbedingt einbeziehen, so z. B.:

- Höhere Flexibilität
- Geringere Lagerhaltungskosten
- Bessere Kundenorientierung
- Geringeres Abschreibungsrisiko

- Vorteile bei Handling
- Motivation der Mitarbeiter durch abwechslungsreichere Tätigkeit

Im Bereich der optimalen Losgröße ist die Gesamtkostenkurve relativ flach (Bild 17). Wird von der errechneten Losgröße abgewichen, so erhöhen oder senken sich die Kosten relativ gering. Es ist darauf zu achten, dass die Losgröße nicht in den Bereich des steilen Stückkostenanstiegs fällt.

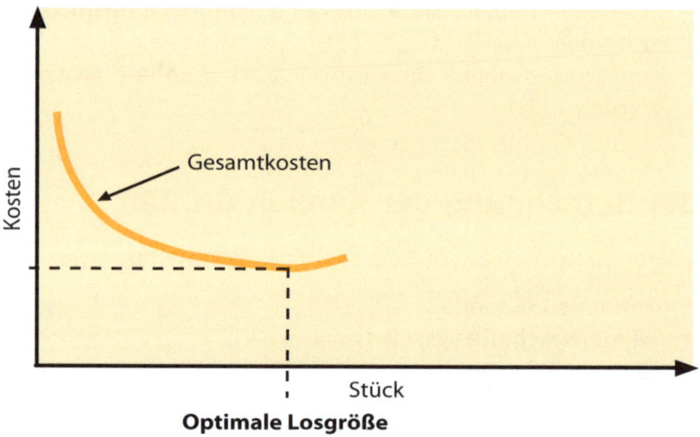

Bild 17: Geeignete Losgrößen, Kostenkurven

Die Gesamtkosten ergeben sich aus den mit zunehmender Stückzahl fallenden Bestell- oder Rüstkosten und den parallel dazu steigenden Lagerhaltungskosten.

3.4.1 Wiederbeschaffungszeit

Die Werte für die Wiederbeschaffungszeit werden aus den Fertigungsdaten von vorgelagerten Prozessen entnommen oder mit dem Lieferanten abgesprochen. Es sollten realistische Zeiten festgelegt werden.

3.4.2 Sicherheitsbestand

Der Sicherheitsbestand soll die Teileversorgung während der Wiederbeschaffungszeit sicherstellen. Die Festlegung erfolgt entweder über Erfahrungswerte oder durch Berechnung.

$$SB = DV \times (WBZ + SZ)$$

SB = Sicherheitsbestand
DV = Durchschnittlicher Tagesverbrauch
WBZ = Wiederbeschaffungszeit in Tagen
SZ = Sicherheitszuschlag

Der Sicherheitsbestand kann um den **Sicherheitszuschlag** erweitert werden und erhält damit noch eine zusätzliche Absicherung. Er soll Bedarfsschwankungen abfangen oder bei Engpässen jeglicher Art die Funktionsfähigkeit des Systems garantieren. Die Ermittlung des Sicherheitszuschlags kann ebenfalls aufgrund von Erfahrungswerten vorgenommen oder berechnet werden. Er hängt eng mit der Lieferbereitschaft zusammen.

3.4.3 Maximale Bestandsmenge

Gibt an, welche maximalen Bestände im Kanban-Kreis vorhanden sein können.

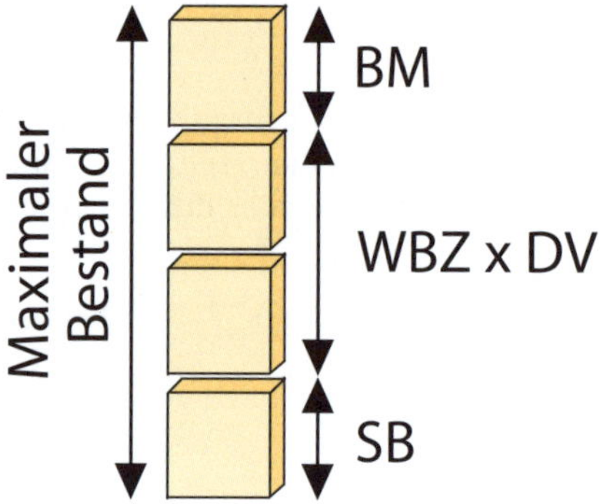

Bild 18: Maximale Bestandsmenge

MB=WBZ × DV + BM + SB

MB = Maximale Bestandsmenge
WBZ = Wiederbeschaffungszeit in Tagen
DV = Durchschnittlicher Tagesverbrauch
BM = Bestellmenge/Losgröße
SB = Sicherheitsbestand

3.4.4 Kanban-Standardmenge

Die Kanban-Standardmenge entspricht im Optimalfall der Menge, die durch ein Kanban angefordert wird. Die sollte ein voller Behälter sein und der optimalen Losgröße entsprechen. Sollte die optimale Losgröße mehr Teilen entsprechen, als in einen Behälter passen, so muss eine bestimmte Anzahl von Kanbans gesammelt werden (Sammelmenge), bis die optimale Losgröße bei der Quelle erreicht ist. Entspricht die Standardmenge einem vollen Behälter, so entfallen Umfüll- und Abzählvorgänge.

3.4.5 Ermittlung der Anzahl der Kanbans

$$Y = \frac{D \times WBZ \times (1 + SF)}{SM}$$

Y = Anzahl der Kanbans
D = Durchschnittlicher Teilperiodenbedarf
WBZ = Wiederbeschaffungszeit in Tagen
SF = Sicherheitsfaktor
SM = Standardmenge

3.5 Auswahl der Kanban-Hilfsmittel

Grundsätzlich wird zwischen zwei Arten von Kanban unterschieden (Bild 19):

- **Produktions-Kanban**: Durch diesen Kanban wird das Signal zur Produktion von Teilen gegeben. Erhält z. B. der Arbeiter an einem Blechbearbeitungszentrum ein Produktions-Kanban, so beginnt er aufgrund der durch den Kanban vermittelten Informationen mit der Produktion.
- **Transport-Kanban**: Durch diesen Kanban wird das Signal zum Transport von Teilen gegeben.

Diese zwei Arten von Kanban können je nach betrieblichen Gegebenheiten kombiniert werden. Oft ist es ausreichend, nur eine Art von Kanban zu verwenden. Auch hier gilt der Grundsatz: „So einfach wie möglich."

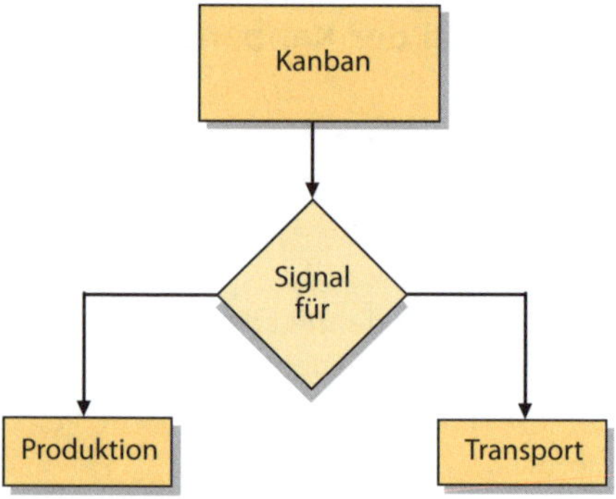

Bild 19: Arten von Kanban

Im Rahmen von Lean Management wird zwischen folgenden Kanbans unterschieden (siehe Pocket Power Lean Management):

- Produktions-Kanbans lösen den Fertigungsstart aus und bestimmen den Shop Stock.
- Small-Train-Kanbans geben das Signal für den Small Train, die Fertigungszelle zu beliefern.
- Heijunka-Kanbans geben dem Small Train den Takt für die Abholung der Fertigprodukte vor.

3.5.1 Kanban-Karten

Ursprünglich wurden bei Kanban-Systemen Karten zur Informationsübertragung verwendet. Mit Karten können Informationen einfach übermittelt werden; sie sind einfach zu transportieren und zu handhaben. Damit alle notwendigen Informationen übertragen werden können, muss jede Karte (auch Pendelkarte genannt) mindestens folgende **Daten** enthalten (Bild 20):

- Angaben über den Verbraucher
- Angaben über den Lieferanten
- Artikelbezeichnung
- Artikelnummer
- Angaben über das Behältnis
- Angaben über Mengen

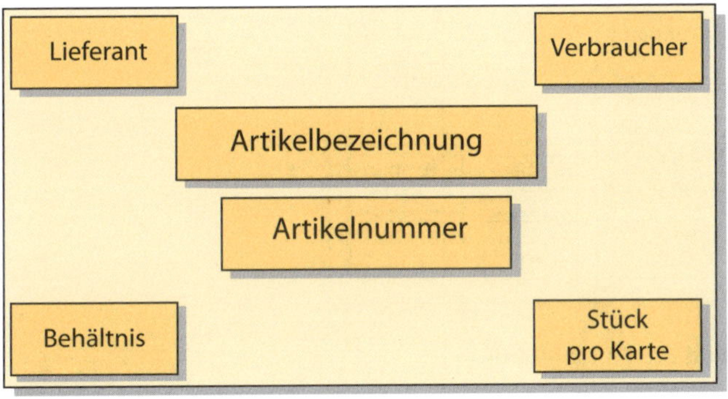

Bild 20: Kanban-Karte

Zusätzlich zu diesen Informationen sollten noch alle Angaben enthalten sein, die für einen sicheren Ablauf nötig sind. Um die Datenerfassung zu erleichtern, werden Kanban-Karten oft mit einem Barcode versehen.

3.5.2 Kanban-Tafel

Bei der Verwendung von Kanban-Karten muss die Übersichtlichkeit und Sicherheit des Systems gewährleistet sein. Karten dürfen weder verloren gehen noch vermischt werden. Da häufig mehrere verschiedene Karten an einem Arbeitsplatz eingesetzt werden, ist der Einsatz von Tafeln sinnvoll, an denen die Karten gesammelt werden (Bild 21).

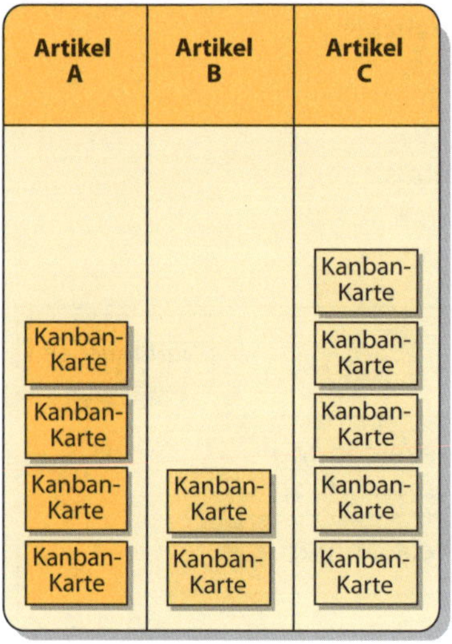

Bild 21: Kanban-Tafel

3.5.3 Funktionsweise Kanban-Tafel

Die Gestaltung der Tafeln kann je nach betrieblichen Gegebenheiten vorgenommen werden. Selbstverständlich können die Tafeln zusätzlich als Übersicht des Produktionsprogramms eingesetzt werden. Hierzu ist eine Einteilung nach Wochentagen sinnvoll (Bild 22). Wichtig ist hierbei eine Angleichung der Kapazitäten der unterschiedlichen Karten zueinander, sodass jede Karte dieselbe Fertigungskapazität in Anspruch nimmt.

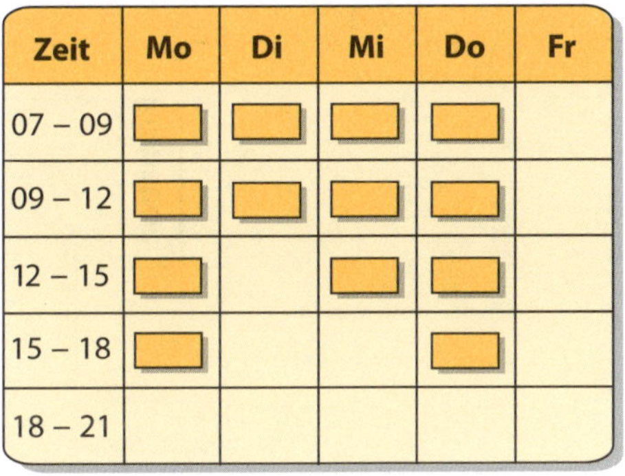

Bild 22: Kapazitätsübersicht

Diese Nutzung von Kanban-Karten ist im Zusammenhang mit einem geeigneten **Arbeitszeitmodell** sehr wirkungsvoll. Die Mitarbeiter können in einem bestimmten Rahmen ihre Arbeitszeit der betrieblichen Auslastung anpassen, und somit entfallen Leerlaufzeiten. Das Abarbeiten der Kanban-Karten bis zu den vorgeschriebenen Terminen muss stets eingehalten werden.

3.5.4 Kanban-Behälter

Teile werden oft in Behältnissen bereitgestellt und transportiert. Um Umfüll- und Abzählvorgänge zu vermeiden, sind die Größen der Behältnisse den geeigneten Losgrößen anzupassen. Die Behältnisse können bei Kanban-Steuerungen sinnvoll neben ihrer eigentlichen Funktion als **Signale** verwendet werden. Bei Kanban-Eignung der Produkte ist ein Auffüllen der leeren Behälter unbedingt erforderlich. Dieses Auffüllen wird von der jeweiligen Quelle vorgenommen, und den Anstoß zur Nachproduktion gibt der leere Behälter (Bild 23).

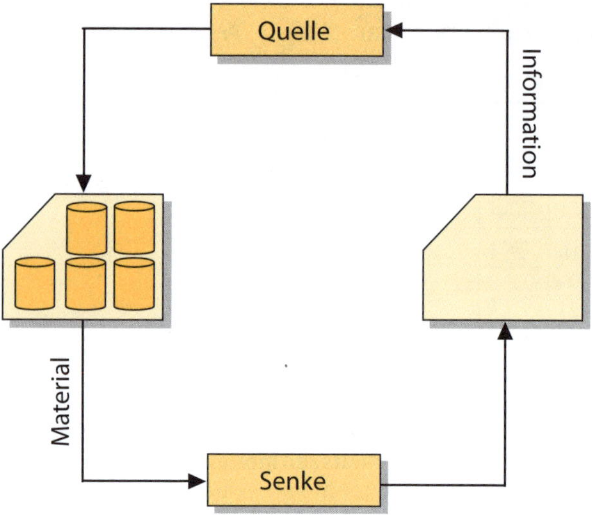

Bild 23: Kanban-Behälter

3.5.5 Kanban-Transportwagen

Auch Transportwagen können die Funktion eines Kanbans übernehmen (Bild 24). Wird der leere Transportwagen bei der Quelle abgestellt, muss wieder die definierte Menge an Teilen produziert und der Transportwagen mit diesen Teilen bestückt werden. Der vollständig bestückte Transportwagen wird erneut an die Senke gefahren. Wichtig ist hierbei, dass auch an dem Transportwagen alle für den sicheren Prozessablauf nötigen Informationen angebracht sind. Mithilfe eines Transportwagens wird das Signal zur Nachproduktion von Teilen ausgelöst, und zusätzlich wird ein Transportmittel zur Verfügung gestellt. Somit entfallen Be- und Entladungsvorgänge. Bei der Konzeption des Wagens sollten die Kanban-Mengen berücksichtigt werden.

Bild 24: Kanban-Transportwagen

3.5.6 Kanban-Steuerung über Stellflächen

Wo es die räumlichen Gegebenheiten zulassen, kann mit **Stellflächen** gearbeitet werden. In diesem Fall werden die Stellplätze markiert, und frei werdende Flächen geben den Auslöser zur Nachproduktion. Für diese Art von Steuerung sind Paletten oder Gitterboxen besonders geeignet.

In Bild 25 wird die Steuerung eines Artikels über Stellflächen dargestellt. Der Bereich A stellt den Sicherheitsbestand dar, Bereich B ist der Bereich, in dem eine Nachbestellung erfolgen kann, und der Bereich C ist der unkritische Bereich. Werden Behälter entnommen, so in der vorgeschriebenen Reihenfolge C, B, A. Solange Behälter in den Bereichen C, B und A stehen, besteht kein Handlungsbedarf; stehen nur noch Behälter auf den mit B und C gekennzeichneten Flächen, so kann eine Nachbestellung erfolgen. Stehen nur noch Behälter auf der mit A gekennzeichneten Fläche, so ist der Sicherheitsbestand erreicht, und eine Nachbestellung muss erfolgen.

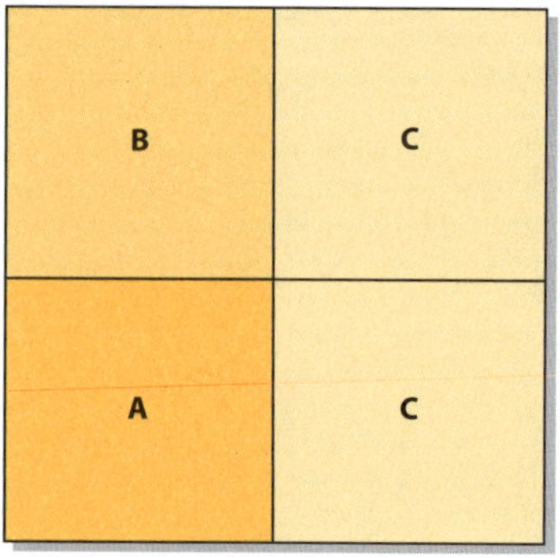

Bild 25: Stellflächen

3.5.7 Signale

Wichtig bei selbststeuernden Systemen ist der Auslöser an der Quelle zur Nachproduktion oder Lieferung neuer Teile. Dieser Auslöser kann eines der oben beschriebenen Kanban-Hilfsmittel sein. Des Weiteren gibt es genügend andere Möglichkeiten, um Informationen zu übertragen. Selbstverständlich können sämtliche akustischen oder visuellen Signale eingesetzt werden. Als Beispiele sind hier zu nennen:

- Signallampen
- Signaltöne

Bild 26 zeigt die einfache Steuerung von Schüttgut mithilfe eines Spenders. Die Bestellung erfolgt, wenn keine Teile mehr durch die Sichtscheibe erkennbar sind.

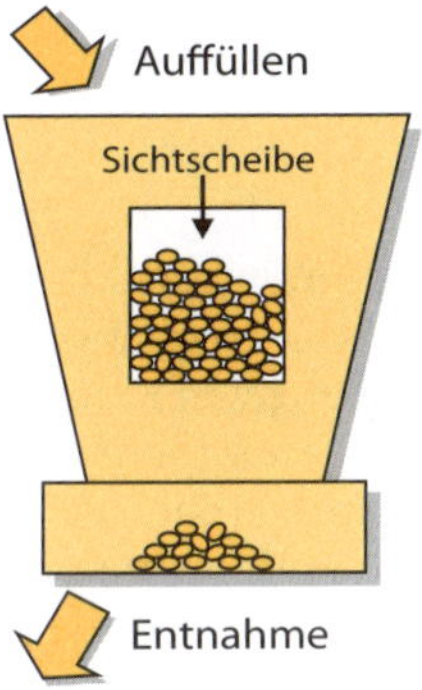

Bild 26: Spender

3.6 Einführung von Kanban-Systemen

Jedem Vorgang oder Prozess liegen bestimmte **Regeln** zugrunde, deren Einhaltung die Funktionsfähigkeit sicherstellt. Regeln sind keine Schikanen, sondern nötig, und sie müssen daher eingehalten werden. Regeln sind nur sinnvoll, wenn der Sinn verstanden wird und die Einhaltung möglich ist. Auch für Kanban werden Regeln benötigt:

- Fertigung nur, wenn ein Kanban vorliegt
- Einhaltung der Mengen, Zeiten und Qualitätsanforderungen
- Alle Teile sind identifiziert und gekennzeichnet
- Transport nur in definierten Behältern
- Lagerung nur an definierten Plätzen
- Keine geheimen Materialburgen oder Bestände
- Kein Verändern der Anzahl der Kanbans außer durch den Kanban-Verantwortlichen
- Bei Problemen oder Schwierigkeiten muss der Kanban-Verantwortliche eingeschaltet werden

- Sinnvoll ist die **Visualisierung** der Kanban-Regeln

3.6.1 Ablaufoptimierung

Durch die genaue Betrachtung der Abläufe im Unternehmen können **Schwachstellen** und jegliche Art von **Verschwendung** aufgezeigt werden. Durch die Einführung von Kanban werden Abläufe verbessert und optimiert. Damit diese Verbesserungen für jeden Mitarbeiter deutlich werden, ist es sinnvoll, die Zustände vor und nach der Einführung von Kanban miteinander zu vergleichen und die Vorteile für Mitarbeiter und Unternehmen herauszustellen und zu visualisieren.

Man sollte sich nie mit den bestehenden Abläufen zufrieden geben. Abläufe, die heute noch als optimal oder genial erscheinen, können morgen schon überflüssig sein, weil sich z. B. eine entscheidende Veränderung ergeben hat.

> Kontinuierliches Suchen nach **Verbesserungen** sollte oberste Priorität im Unternehmen haben.

Bei Ablaufoptimierungen oder sonstigen Veränderungen sind Querdenken, Kreativität und Mut gefragt. Oft wird die Suche nach Optimierungsmöglichkeiten mit komplizierter Technik oder komplexen IT-Lösungen verbunden. Die dadurch entstehenden Kosten können oft nicht durch die Verbesserungen aufgefangen werden, und somit werden Veränderungen nicht durchgeführt. Unternehmen, die hingegen einfache Lösungen anstreben, sind hierbei oft erfolgreicher. Bevor eine Investition in neue Techniken erfolgt, sollten durch Errichten von provisorischen Lösungen die neuen Methoden getestet werden. Bei Eignung kann dann eine Investition erfolgen.

3.6.2 Harmonisierung des Produktionsprogramms

Sinnvoll für jedes Unternehmen ist das Überdenken des Produktionsprogramms. Häufig wird bei der Entwicklung neuer Produkte vergessen, dass schon unzählige bestehende Produkte vorhanden sind, von denen gewisse Bestandteile bei neuen Produkten eingesetzt werden könnten. Dieses Potenzial an bestehenden Teilen sollte genutzt werden, **Mehrfachverwendungen** sind anzustreben (Bild 27). Dadurch können erhebliche Einsparungen bei der Entwicklung bis hin zur Ersatzteilauslieferung erreicht werden.

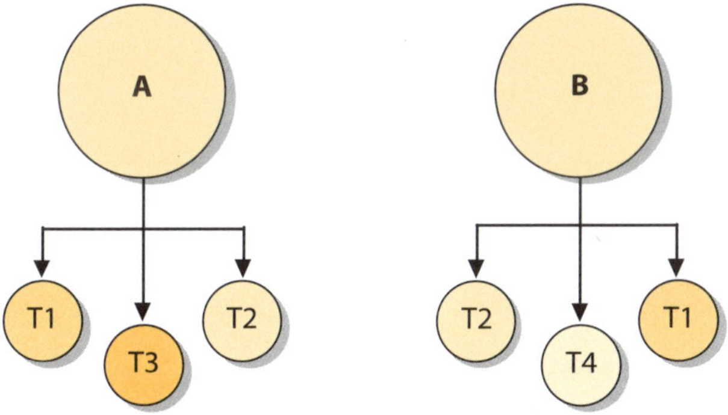

Bild 27: Baugruppen, Mehrfachverwendung

Teilefamilien oder – im Optimalfall – **Baukastensysteme** sind anzuwenden. Hierbei sind allerdings Kundenwünsche unbedingt zu berücksichtigen.

3.6.3 Verkürzung von Rüstzeiten

Um Kanban sinnvoll in Unternehmen umzusetzen, ist eine **schnelle** und **flexible** Fertigung nötig. Durch die Reduzierung der Losgrößen erhöht sich in der Regel die Anzahl der

Rüstvorgänge. Um eine wirtschaftliche Fertigung sicherzustellen, sollten daher alle Möglichkeiten der Verkürzung der Rüstzeiten ausgeschöpft werden. Prinzipiell können **Rüstvorgänge** in zwei Arten unterschieden werden (Bild 28):

- Vorgänge, die bei laufender Maschine oder laufendem Produktionsprozess durchgeführt werden (externes Rüsten).
- Vorgänge, bei denen ein Stillstand der Maschinen oder des Produktionsprozesses nötig ist (internes Rüsten). Diese sollte man möglichst reduzieren.

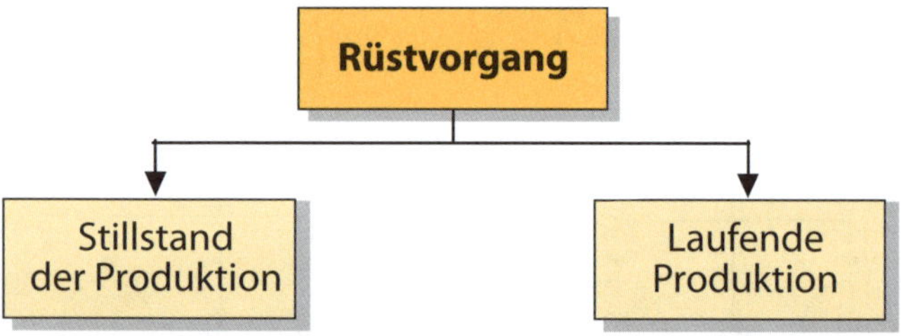

Bild 28: Rüstvorgänge

Hilfreich ist eine genaue Analyse der Rüstvorgänge und eine Zuordnung der Vorgänge. Um Rüstzeiten zu reduzieren, kann eine Vielzahl von Hilfsmitteln genutzt werden:

- Kontinuierlicher Verbesserungsprozess (KVP)/Kaizen
- Videoaufzeichnung mit genauer Analyse
- Ordnung und Sauberkeit am Arbeitsplatz
- Bereitstellung von geeigneten Hilfsmitteln und Vorrichtungen
- Mitarbeiterschulungen

Schaffung von Ordnung und Sauberkeit an den Arbeitsplätzen ist ein schnell umsetzbares Mittel zur Verkürzung von Rüstzeiten. Häufig verwendete Werkzeuge und Hilfsmittel sollten nicht in Schränken weit von den Maschinen entfernt aufbewahrt werden, sondern dort, wo sie benötigt werden. Sehr dienlich sind **Werkzeugwände** (Bild 29) oder **Werkzeugwagen**.

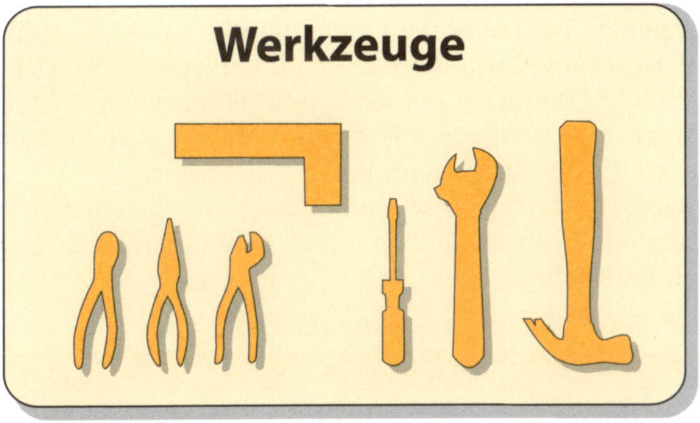

Bild 29: Werkzeugwand

Die Vorteile von solchen Werkzeugwänden liegen neben einer schnellen Verfügbarkeit und dem guten Handling der Werkzeuge auch in der Visualisierung. Wird der Arbeitsplatz gesäubert, so kann der Arbeitgeber durch einen Blick feststellen, ob alle Werkzeuge an der Werkzeugwand angebracht sind oder ob welche abhanden gekommen sind. Fehlende Werkzeuge können auf diese Art leicht und schnell ermittelt werden, und somit kann eine Suche nach den Ursachen erfolgen. Ohne diese Visualisierung wird der Verlust erst dann bemerkt, wenn das entsprechende Werkzeug benötigt wird, und somit können Rüstvorgänge unnötig ausgedehnt werden. Eine hohe Standardisierung garantiert einen flexiblen Einsatz der Arbeitskräfte.

3.6.4 Einbindung der Lieferanten

Neben internen Kanban-Systemen, die zwischen den einzelnen Abteilungen eines Betriebes laufen, ist es für ein Unternehmen wichtig, die Lieferanten in die Kanban-Methode mit einzubeziehen. Die Lieferanten der Zukunft müssen sich mit dem **Just-in-Time-Gedanken** auseinandersetzen. Die richtige Ware zum richtigen Zeitpunkt und in der gewünschten Qualität an den richtigen Ort zu liefern, das wird immer mehr zur Pflichtaufgabe eines jeden Lieferanten.

Im Rahmen der Temp-Methodik lassen sich die einzelnen Unternehmen in die in Tabelle 1 dargestellten Fitnesszonen unterteilen (Knoblauch 2001).

Tabelle 1: Zonen unternehmerischer Fitness

Zone I	Zone II	Zone III
Kunde als lästiges Übel	Zufriedener Kunde	Fan
„Ich komme am Mittwoch!" (sagt nur nicht, an welchem). „Kunde droht mit Auftrag."	Tägliche Frage: „Was ist das brennendste Problem meiner Zielgruppe?"	„In den Gehirnwindungen des Kunden spazieren gehen" „Volle Leistung + 1"
Komm-Struktur	Geh-Struktur	Beim Kunden sein (Hase & Igel)

Um Kanban-Regelkreise mit **Lieferanten** erfolgreich im Unternehmen zu implementieren, ist es notwendig, dass die Lieferanten mindestens auf dem erkennbaren Weg zur Zone II sind.

Hier ist es wichtig, die Lieferanten an diesen Prozess des Mitdenkens heranzuführen.

Erfolgreiche Unternehmen veranstalten aus diesem Grund einen regelmäßig stattfindenden **Lieferantentag**, an dem die Lieferanten über die Ziele und Visionen des Unternehmens informiert werden. Regelmäßige **Beurteilungen** der Lieferanten durch den Einkauf, aber auch die Beurteilung des Einkaufs durch die Lieferanten, decken hier oftmals Schwachstellen beim Lieferanten bzw. intern im Unternehmen auf.

Die Einbindung und Entwicklung der Lieferanten ist wichtig. Zwischen dem Kunden und dem Lieferanten muss eine partnerschaftliche Zusammenarbeit entstehen, die auf ein langfristiges Bestehen ausgerichtet ist.

Ziel muss es sein, eine **Partnerschaft** zu entwickeln, die sich nicht nur auf die Frage des günstigsten Preises beschränkt. Die Fähigkeit des Lieferanten, die Kundenanforderungen zu erfüllen, und die Fähigkeit des Kunden, den Lieferanten als Partner anzuerkennen, muss im Mittelpunkt stehen.

Wenn Kunden und Lieferanten gemeinsam Systeme entwickeln, welche die Zusammenarbeit und die Qualität steigern, wird die **Wettbewerbsfähigkeit** für beide Seiten entscheidend gestärkt.

3.6.5 Mitarbeiter

Durch die Einführung von Kanban gewinnt die Gesamtheit des Systems an Bedeutung. Die einzelnen Abteilungen müssen von dem abteilungsbezogenen Denken hin zu einer **abteilungsübergreifenden Denkweise**. Zusätzlich zu der Erreichung der einzelnen Ziele müssen die Abteilungen untereinander ein **Wir-Gefühl** entwickeln und leben. Absprachen und Hilfestellungen untereinander sind hierbei nötig. Damit dies gelingt, sind umfangreiche Schulungen der Mitarbeiter nötig. Es ist wichtig, den Mitarbeitern die Vorteile des Kanban-Systems darzustellen und sie mit der Kanban-Methodik vertraut zu machen. Jeder Mitarbeiter muss sich seiner Bedeutung im System, der Bedeutung von vor- und nachgelagerten Abläufen und der Bedeutung des Systems als Ganzes bewusst sein. Zusätzlich zu den ausführenden Tätigkeiten erhält der Mitarbeiter noch dispositive Tätigkeiten; der Verantwortungsbereich wird erweitert.

Ohne **motivierte** und richtig **geschulte Mitarbeiter** kann kein neues System kommuniziert und umgesetzt werden.

Die positive Einstellung der Mitarbeiter zu Kanban und die **Akzeptanz** sind entscheidend für die erreichbaren Erfolge. Die Einhaltung der Systemregeln ist Grundvoraussetzung bei der Umsetzung. Somit müssen die Mitarbeiter die Regeln genau kennen, in der Lage sein, die Regeln einzuhalten, und wissen, warum es diese Regeln gibt.

Der **Mensch** steht im Mittelpunkt des Systems. Dieses Potenzial machen sich führende Unternehmen zunutze.

3.6.6 Motivation

Die Motivation der Mitarbeiter wird von drei Faktoren beeinflusst (Bild 30):

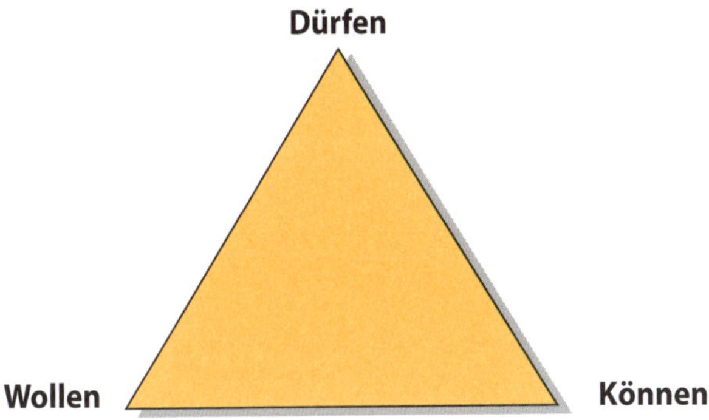

Bild 30: Motivation

Dürfen

Das Management (z.B. Geschäftsleitung, Abteilungsleiter) muss hinter Kanban stehen und muss das auch kommunizieren. Die benötigten Mittel und die Arbeitszeit müssen zur Verfügung gestellt werden. Abteilungsleiter und Betriebsrat müssen mit einbezogen werden.

Wollen

Die Mitarbeiter müssen davon überzeugt sein, dass Kanban ihnen Vorteile bringt. Der Erfolg von Kanban muss visualisiert werden (z.B. Infotafeln, Firmenzeitungen). Den Mitarbeitern muss es Spaß machen, mehr Verantwortung zu übernehmen. Lob und Anerkennung der Vorgesetzten ist bei der Umsetzung der ersten Kanban-Regelkreise sehr wichtig.

Können

Die Mitarbeiter müssen lernen, wie **einfach** Kanban funktioniert. Durch systematisches **Schulen** und **Trainieren** können den Mitarbeitern die Werkzeuge zur Implementierung von Kanban-Systemen an die Hand gegeben werden. Beim ersten Projekt ist es wichtig, die Mitarbeiter mit Planspielen an die Funktion und Wirkungsweise von Kanban heranzuführen.

Die geplanten Kanban-Abläufe können mit einfachen Mitteln (z.B. ausgeschnittene Karten, kleine Behälter) aufgebaut und durchgespielt werden. Oft ergeben sich bereits in dieser Phase Verbesserungsansätze, die dann in die Praxis umgesetzt werden können. Das Wichtigste ist, dass die Mitarbeiter durch die **Planspiele** Kanban verstehen lernen und motiviert werden, es in ihrer Abteilung als Pilotprojekt einzuführen.

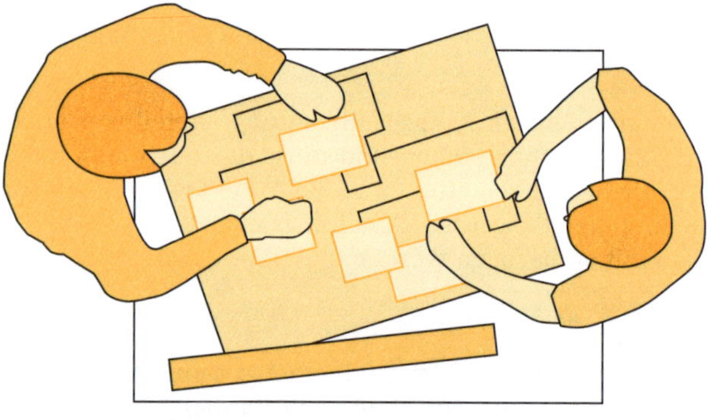

Bild 31: Mitarbeiterschulung mit Planspielen

Nach Abschluss der Kanban-Einführung ist es wichtig, den Erfolg des Projekts zu präsentieren. Jeder Mitarbeiter, der an dem Projekt mitgewirkt hat, sollte im Rahmen einer **Präsentation** seine Aufgabe im Projekt und die Funktionsweise von Kanban erklären.

3.6.7 Neue Aufgaben des Disponenten

Das Aufgabengebiet des Disponenten, der vor der Einführung von Kanban für Materialdisposition, Terminüberwachung und Steuerung sowie Buchungsvorgänge verantwortlich war, ändert sich mit der Einführung selbststeuernder Systeme (Bild 32).

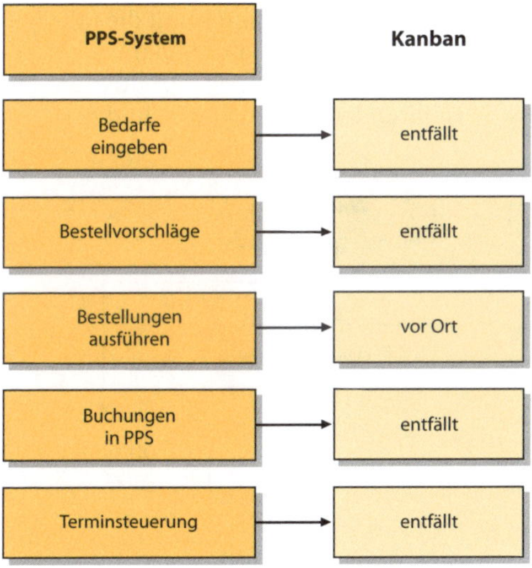

Bild 32: Aufgaben des Disponenten

3.6.8 Aufgaben des Werkers

Durch die Einführung von Kanban kommt es zu einer Verlagerung vieler Tätigkeiten von der dispositiven Ebene hin zur ausführenden Ebene. Die Mitarbeiter vor Ort sind für die Beschaffung und Auslieferung der von ihnen produzierten

Teile **selbst verantwortlich**. Wie die jeweiligen Anforderungen erfüllt werden, entscheidet der Mitarbeiter in eigener Regie. Die notwendigen Entscheidungen sollte er eigenverantwortlich treffen dürfen. Häufig ist es sinnvoll, hierbei das Unternehmen als einen Zusammenschluss vieler kleiner Unternehmen zu sehen, in dem jeder Mitarbeiter seinen Arbeitsbereich als seine eigene Firma ansieht. Die „Firmeninhaber" erhalten gewisse Mittel, die sie zur Gestaltung ihres Bereichs einsetzen dürfen, und somit die Möglichkeit der optimalen Gestaltung ihres unmittelbaren Arbeitsumfeldes. Dem Werker kommen neben der Produktion und Disposition auch optimierende Tätigkeiten zu (Bild 33).

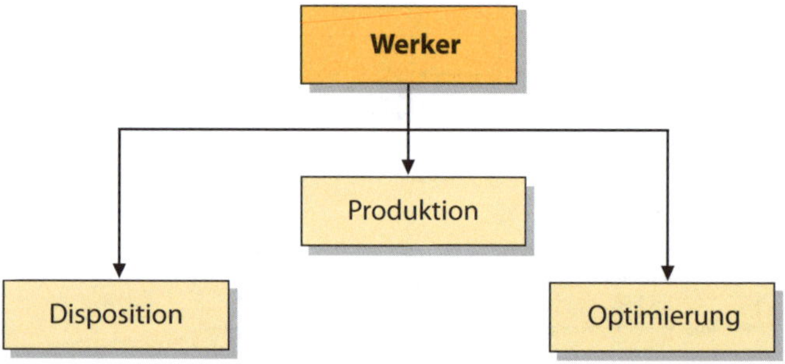

Bild 33: Aufgaben des Werkers

3.6.9 Auswirkungen auf das betriebliche Umfeld

Durch die Einführung von Kanban werden nicht nur die direkt damit in Verbindung stehenden Abteilungen betroffen, sondern es ziehen sich die **Auswirkungen von Kanban** oft durch alle Abteilungen eines Unternehmens. Daher ist es unerlässlich, stets alle direkt oder indirekt durch Kanban betroffenen Abteilungen zu ermitteln und

Auswirkungen von Kanban aufzuzeigen. In manchen Unternehmen können ganze Abteilungen durch Kanban entlastet werden, wodurch man zusätzliche Kapazitäten für andere Tätigkeiten schafft.

Durch Kanban betroffene **Abteilungen**:

- Einkauf
- Lager
- Qualitätswirtschaft
- Transportwesen
- Fertigungsplanung
- Entwicklung
- Konstruktion
- Fertigung
- Controlling
- Rechnungswesen
- Verkauf

3.6.10 Möglichkeiten der Erfassung von Daten

Die Auswertung von betrieblichen Daten ist oft unerlässlich. Durch Kanban entfallen viele Papiere und Daten, mit denen oft Auswertungen gemacht werden. Je nach Menge der anfallenden Daten können diese manuell erfasst werden, was aber in den meisten Fällen mit einem zu hohen Aufwand verbunden ist. Als besonders sinnvoll haben sich hierbei aber **Barcode-Lesegeräte** erwiesen. Werden Kanban-Hilfsmittel mit einem Barcode versehen, in dem alle notwendigen Daten hinterlegt sind, so können alle Daten eingelesen und für sämtliche Auswertungen herangezogen werden. Interessant ist auch eine direkte Koppelung von Barcode-Lesegerät mit einem Lieferanten; wird z. B. im Lager ein Bedarf festgestellt, so genügt ein Scannen des betreffenden Artikels. Eine IT-Lösung erzeugt dann eine Bestellung beim Lieferanten (Bild 34).

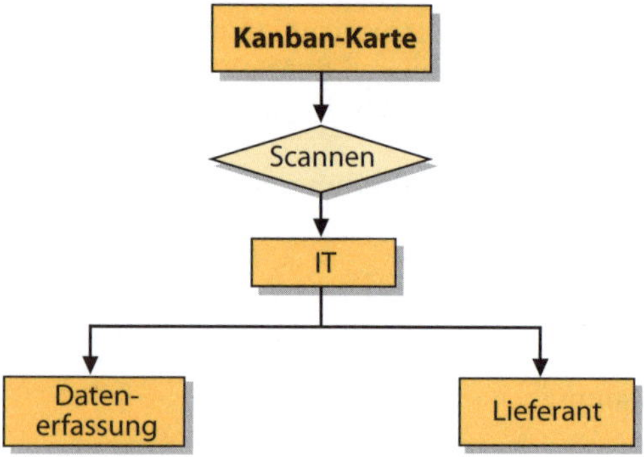

Bild 34: Barcode-Lesegerät/Kanban-Karte

3.7 Spielregeln

Die Spielregeln für die Kanban-Steuerung sollten möglichst neben der Plantafel visualisiert werden, um jedem Mitarbeiter die Funktion der jeweiligen Kanban-Steuerung klar und deutlich zu kommunizieren.

Neben den Spielregeln sollte auch der oder die **Verantwortliche für das System** benannt und visualisiert werden.

3.8 Kontinuierliche Verbesserung des Systems

Bei der Einführung eines Kanban-Systems empfiehlt es sich, am Anfang mit einem höheren Sicherheitsfaktor zu arbeiten, bis sich die internen und externen Abläufe eingespielt haben. Dies bedeutet, dass am Anfang mit mehr Behältern bzw. Kanban-Pendelkarten gearbeitet wird, die dann im Laufe der Zeit reduziert werden können.

Wie in Bild 35 dargestellt, können die Pendelkarten so lange reduziert werden, bis es zum Crash kommt, d.h. bis eine Fertigungslinie zum Stillstand kommt. Danach wird die Anzahl der Karten wieder leicht erhöht, und man hat somit die optimale Anzahl der Kanban-Karten ermittelt.

Wichtig ist, dass der Kanban-Verantwortliche beim Reduzieren der Karten bzw. der Behälter den Materialfluss beobachtet, damit er Materialengpässe sofort erkennt und eingreifen kann.

Ein systematisches Überprüfen der Kanban-Mengen sollte ein- bis zweimal jährlich stattfinden, um die Kanban-Karten bzw. Kanban-Behälter den veränderten Verbrauchsmengen anzupassen.

Eine periodische **Besprechung** mit dem betrieblichen Rechnungswesen hilft, viele Missverständnisse aus dem Weg zu räumen.

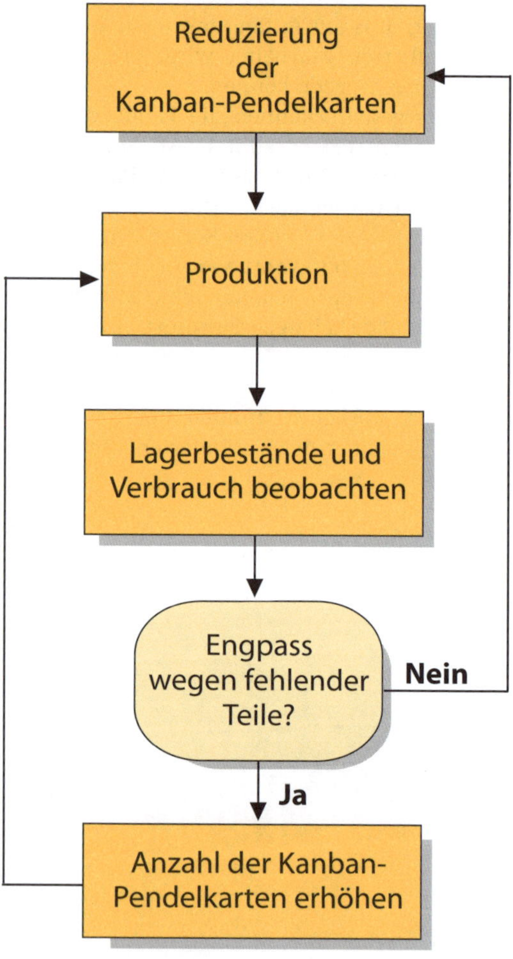

Bild 35: Reduzierung bzw. Erhöhung der Kanban-Pendelkarten

3.8.1 Systemcheck

Die Kanban-Systeme im Unternehmen sollten ständig auf **Optimierungspotenziale** hin durch den Kanban-Beauftragten überprüft werden. Sinnvoll ist eine Visualisierung der Ergebnisse, wie es in Bild 36 dargestellt ist. Werden die Bewertungsergebnisse von mehreren Abteilungen in das Diagramm eingetragen, so können Abteilungen miteinander verglichen werden.

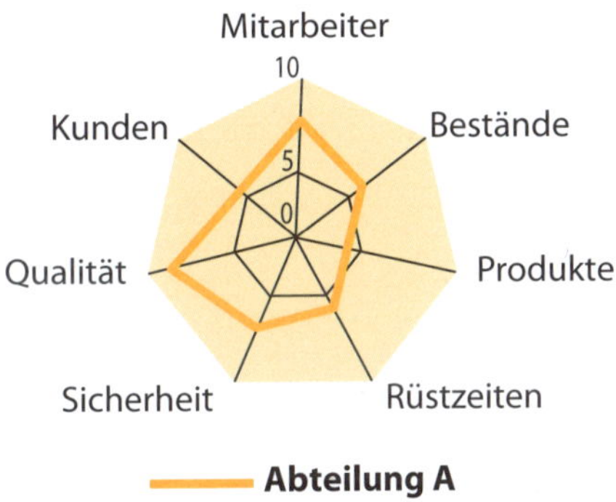

Bild 36: Systemcheck

Damit eine objektive Bewertung entsteht, sollte zu den einzelnen Kriterien ein **Fragenkatalog** entwickelt werden, anhand dessen dann Punkte von 0 bis 10 vergeben werden.

Mitarbeiter

- Haben die Mitarbeiter Kanban verstanden?
- Wird Kanban akzeptiert?
- Inwieweit werden Optimierungen bzw. Optimierungsvorschläge von den Mitarbeitern gemacht?
- Wie ist die Qualifikation der Mitarbeiter?

Bestände

- Wie ist die Bestandssicherheit?
- Wie ist die Bestandshöhe?
- Wie werden Bestandsreduzierungspotenziale genutzt?

Produkte

- Sind alle Kanban-fähigen Teile umgestellt?

Rüstzeiten

- Inwieweit sind Rüstzeitenreduzierungen erfolgt?
- Welche Einsparungen konnten erzielt werden?
- Inwieweit sind Durchlaufzeitenreduzierungen erzielt worden?

Sicherheit

- Wie sicher ist das Kanban-System?
- Wie sicher ist die Produktion?

Qualität

- Kann die geforderte Qualität erreicht werden?
- Wie ist die Ausschussstatistik?
- Wie ist die Nachbearbeitungsstatistik?

Kunden

- Wie ist die Kundenzufriedenheit?
- Wie schnell kann auf geänderte Kundenwünsche reagiert werden?
- Wie schnell kann geliefert werden?

Diese Fragen sollten den betrieblichen Gegebenheiten angepasst und entsprechend formuliert werden.

4 Kanban-Steuerung mit Pendelkarten und Plantafel

4.1 Praxisbeispiel A-Teile

Im nachfolgenden Praxisbeispiel wird gezeigt, wie alle A-Artikel in einer Stanzerei über Kanban gesteuert werden können.

> In einem Unternehmen werden **Stanzteile** in Mengen über 200.000 Stück pro Jahr und Artikel gefertigt. Die Stanzteile werden in nachgeordneten Abteilungen weiterverarbeitet, lackiert und montiert. Die Stanzteile werden nach dem Stanzen in ein PPS-System eingebucht und nach dem Lackieren über die Stückliste abgebucht. Da der **Fertigungsprozess** nicht zu 100 % zu beherrschen ist, kommt es oft zu Ausschuss und zu ungeplanter Entnahme von Stanzteilen aus dem Lager, die nicht verbucht werden.
> Die Folge sind nicht korrekte Lagerbestände im PPS-System und somit eine nicht zu 100 % gewährleistete Disposition. Es müssen sehr viele Zwischeninventuren gemacht werden, um die Bestände im Lager immer wieder den Beständen im PPS-System anzupassen.

Um dieser Problematik entgegenzuwirken, wurde ein System entwickelt, das folgende Merkmale aufweist:

- Selbststeuerndes System ohne PPS
- Keine Eingriffe durch die zentrale Produktionssteuerung
- Hohe Verfügbarkeit der Produkte
- Niedrige Bestände
- Keine Zwischeninventuren
- Harmonisierte Abläufe

- Verringerung der Rüstkosten durch bessere Planung der Produktionsfolge durch den Werker an der Maschine.

4.1.1 Auswahl der Kanban-geeigneten Produkte

Nach einer ABC- und einer XYZ-Analyse sind für Kanban die Produkte am besten geeignet, die einen gleichmäßig bis leicht schwankenden Verbrauch (X und Y) und einen relativ hohen Wert (A und B) aufweisen.

Die folgende Grafik zeigt die Verteilung der Stanzteile anhand einer ABC-Analyse nach der Wertigkeit (Bild 37).

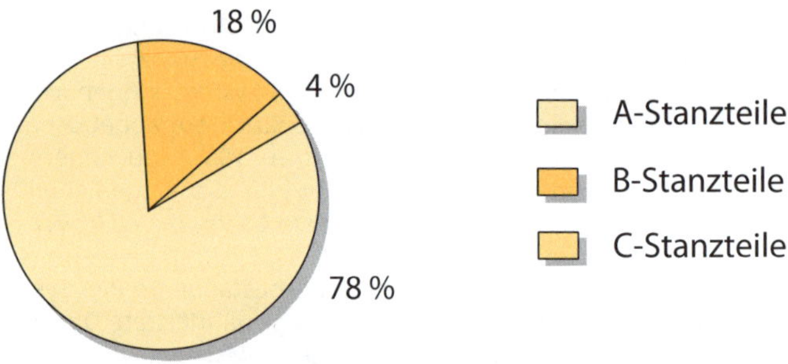

Bild 37: Wertigkeit der Produkte (ABC-Analyse)

Für die folgenden Stanzteile wurde aufgrund der ABC- und XYZ-Analyse eine Kanban-Steuerung eingeführt:

Wie aus den Verbrauchszahlen aus Tabelle 2 hervorgeht, unterliegen die Produkte einem gleichmäßigen bis leicht schwankenden Bedarf (ca. ± 15 %) und sind somit ideal für eine Kanban-Steuerung geeignet.

Tabelle 2: Auswahl der Kanban-Produkte

Ident-Nr.	Max. Monatsbedarf	Min. Monatsbedarf	Ø Monatsbedarf
0.007.101	32.108	25.930	28.826
0.008.101	21.955	17.820	19.459
0.400.101	32.555	24.785	27.964
0.401.101	24.515	19.256	21.317
0.602.101	24.166	14.965	17.262
0.603.101	12.140	8251	9339
0.234.105	22.162	16.925	18.469
0.238.105	13.999	11.211	12.715
0.334.105	29.810	23.125	26.381
0.537.105	11.626	9265	10.380
0.005.107	32.576	25.669	29.086
0.017.107	32.195	28.560	32.196
0.127.107	12.215	9210	10.909
0.003.505	7180	5872	6295
0.003.108	12.705	9652	10.852
0.001.507	26.321	20.522	23.117

4.1.2 Auswahl der Sachmittel

Die Transportbehälter (Eurogitterboxen) sind aus fertigungstechnischen Gesichtspunkten vorgegeben. Da es aus Platzgründen nicht möglich ist, eine Kanban-Steuerung mit fest definierten Behältern zu realisieren, wurde eine Kanban-Steuerung mit Pendelkarten und Plantafel gewählt.

Folgende **Informationen** wurden auf den Kanban-Pendelkarten aufgeführt (Bild 38):

- Artikelnummer des Stanzteils
- Bezeichnung des Stanzteils
- Menge pro Gitterbox
- Nummer der Kanban-Pendelkarten/Pendelkarten insgesamt
- Erzeuger (Stanzerei)
- Informationen für die Produktion (Arbeitsplan)
- Benötigtes Material
- Informationen an Verbraucher, an welche Abteilung die Pendelkarte nach dem Verbrauch der Produkte zurückgegeben werden muss
- Wird eine Gitterbox mit Stanzteilen in der Produktion verbraucht, so wird die Kanban-Pendelkarte entweder in einen Sammelkasten im Lager geworfen oder sofort von dem Mitarbeiter zurück in die Plantafel gesteckt.
- Für jedes Produkt gibt es eine bestimmte Anzahl von Kanban-Pendelkarten. Innerhalb der Plantafel werden grüne, gelbe und rote Bereiche definiert und Spielregeln für den Werker festgelegt. Diese Spielregeln sind neben der Kanban-Plantafel angebracht (Bild 39).

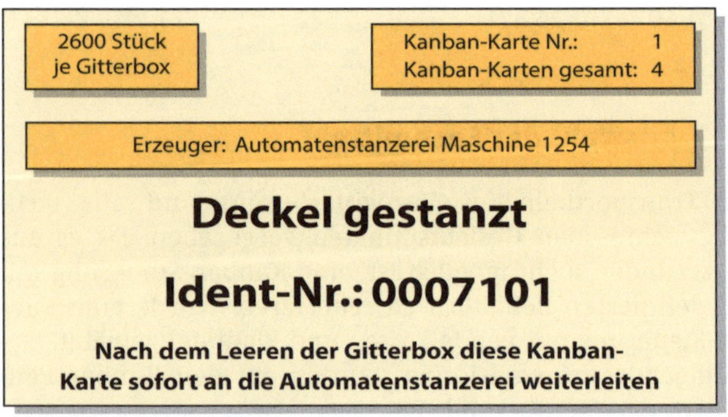

Bild 38: Kanban-Pendelkarte

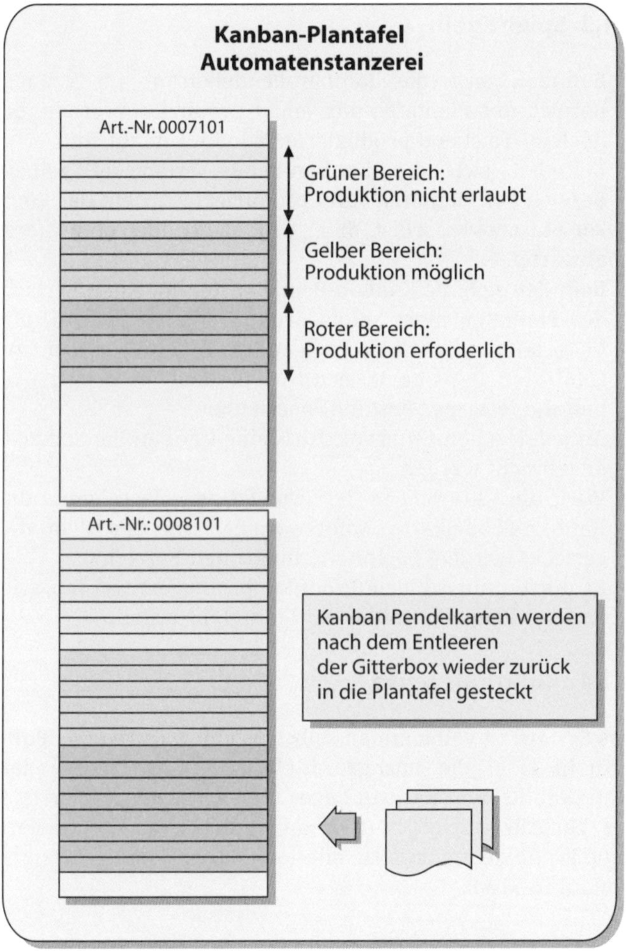

Bild 39: Kanban-Plantafel

4.1.3 Spielregeln

- Befinden sich die Kanban-Pendelkarten im grünen Bereich der Plantafel, darf nicht produziert werden, da noch ausreichend produzierte Teile im Umlauf sind.
- Befinden sich die Kanban-Pendelkarten im gelben Bereich der Plantafel, kann produziert werden. Der Werker entscheidet selbst, ob er produziert oder ob er noch abwartet.
- Befinden sich die Kanban-Pendelkarten im roten Bereich der Plantafel, muss sofort produziert werden, um den Materialfluss für die nachfolgenden Abteilungen nicht zu gefährden. Der rote Bereich wird oft auch als Sicherheitsbestand (eiserner Bestand) bezeichnet.
- An jeder vollen Gitterbox muss eine Kanban-Pendelkarte angebracht werden.
- Wird die Gitterbox in der Produktion geleert, muss die Kanban-Pendelkarte sofort wieder in die Plantafel gesteckt werden, beginnend im grünen Bereich.
- Es dürfen nur so viele Produkte produziert werden, wie Kanban-Pendelkarten in der Plantafel stecken.

4.1.4 Funktionsweise

Das System ist vollkommen selbstgesteuert. Durch das **Pull-Prinzip** zieht die nachgeordnete Abteilung (Senke) das Material aus dem Kanban-Lager. Der Erzeuger reagiert auf die zurückkommenden Kanban-Pendelkarten, produziert neue Produkte und gibt sie mit den Kanban-Pendelkarten in Umlauf (Bild 40).

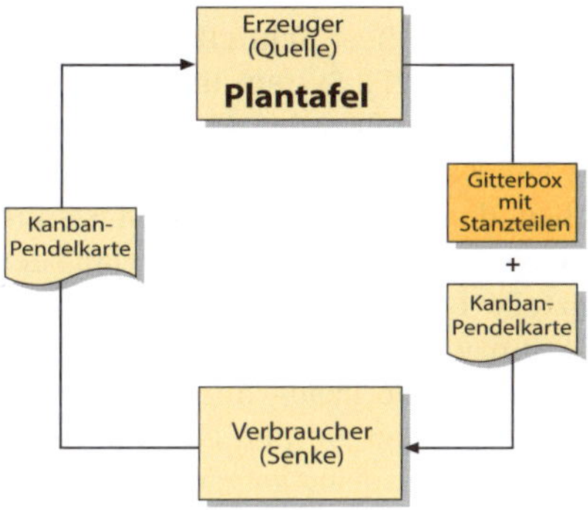

Bild 40: Kanban-Regelkreis Plantafel-Kanban-Pendelkarte

4.1.5 Vorteile

- Keine Fertigungsaufträge für die Kanban-Stanzteile über das PPS-System
- Keine Bestandsbuchungen
- Kein Eingriff durch die zentrale Produktionssteuerung
- Papierlos
- Selbststeuernd
- Verringerung der Anzahl der Rüstvorgänge um 20 %

4.1.6 Verringerung der Rüstvorgänge

Vor der Einführung von Kanban wurde die Reihenfolge der Fertigungsaufträge und somit auch die Reihenfolge der herzustellenden Produkte von der zentralen Produktionssteuerung geplant und dem Werker an der Maschine vorgeschrieben. Dadurch konnte es passieren, dass ein Stanzwerkzeug, mit dem unterschiedliche Produkte gestanzt werden können, abgerüstet wurde und kurze Zeit später wieder aufgerüstet werden musste, da bestimmte Stanzteile *dringend* gebraucht werden. Der Grund für diese **Schnellschüsse** war oft der falsche Lagerbestand im PPS-System und somit ein kurzfristiger Engpass in den nachfolgenden Abteilungen.

Nach der Einführung von Kanban verringerten sich diese „Schnellschüsse" erheblich, da der Werker an der Maschine an seiner Plantafel auf einen Blick den Bestandsverlauf der unterschiedlichen Stanzteile beobachten kann. Der Mitarbeiter selbst entscheidet nun, welche Produkte er in welcher Reihenfolge fertigt. Hat er ein Werkzeug aufgerüstet, mit dem auch andere Produkte gefertigt werden können, informiert er sich an seiner Plantafel, ob er im gelben oder gar im roten Bereich ist, und produziert diese Teile mit derselben Werkzeugaufspannung gleich mit. Für den Werker gelten nur die Kanban-Regeln, die für jeden Mitarbeiter visualisiert neben der Plantafel hängen.

Die **Verantwortung**, aber auch der **Handlungsspielraum** des einzelnen Mitarbeiters wird erheblich erhöht, was entscheidend zur Harmonisierung der Betriebsabläufe beiträgt.

Bild 41 zeigt die Auswirkungen von Kanban auf die Anzahl der Rüstvorgänge.

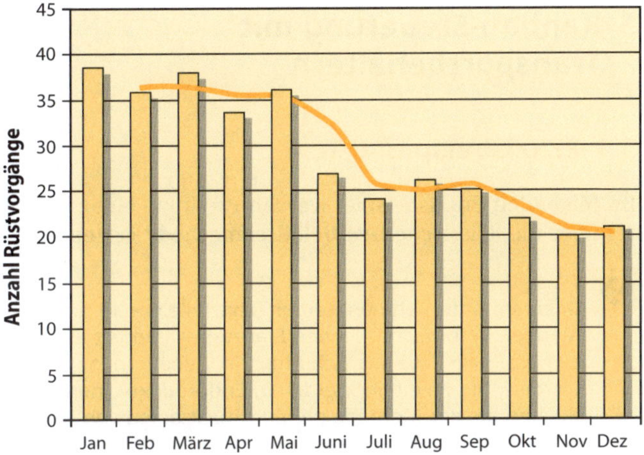

Bild 41: Auswirkungen von Kanban auf die Anzahl der Rüstvorgänge

5 Kanban-Steuerung mit Transportbehältern

5.1 Praxisbeispiel C-Teile

Im folgenden Praxisbeispiel werden Produkte einer Stanzerei über die klassische **Dreibehältermethode** gesteuert.

In einem Unternehmen werden Stanzteile in sehr großen Mengen verbraucht. Bei den Stanzteilen handelt es sich um Kleinteile, die als Schüttgut in Behältern gelagert werden. Die Kleinteile werden in Endprodukte montiert. Bleiben bei der Montage geringe Stückzahlen von Teilen übrig, werden diese wegen des geringen Preises nicht wieder ins Lager zurückgebracht, sondern weggeworfen. Da die weggeworfenen Teile nicht verbucht werden, ist es problematisch, diese Teile über ein PPS-System zu disponieren.
Da die Lagerbestände im PPS-System nicht mit den Ist-Beständen im Lager übereinstimmen, kommt es zu Fehlern bei der Materialdisposition. Die Stanzteile werden oft zu spät bestellt und es kommt zu Materialengpässen in der Produktion.
Um diese Probleme auszuschalten, wurde eine Kanban-Steuerung über Behälter entwickelt.

5.1.1 Merkmale des Systems

- Verfügbarkeit der Teile muss immer gewährleistet sein
- Niedrige Bestände
- Selbststeuernd ohne PPS
- Optimale Visualisierung des Systems
- Prinzip First in bzw. First out muss gewährleistet sein

5.1.2 Auswahl der Kanban-geeigneten Produkte

Bei den Produkten handelt es sich ausnahmslos um Kleinteile, die in sehr großen Stückzahlen verbraucht werden (Tabelle 3). Die Schwankungen im Verbrauch liegen zwar bei 20 bis 30 %, trotzdem ist es aber sinnvoll, diese Produkte selbststeuernd über Kanban zu disponieren. Durch die Kanban-Steuerung wird eine **höhere Bestandssicherheit** gewährleistet.

Tabelle 3: Auswahl der Kanban-Produkte

Ident-Nr.	Max. Monatsbedarf	Min. Monatsbedarf	Ø Monatsbedarf
014.211	120.360	90.270	100.300
015.811	93.350	69.036	78.450
015.711	54.236	40.222	45.670
014.411	44.722	30.699	37.900
015.611	44.672	33.035	37.540
014.711	41.503	27.122	34.300
004.411	34.322	24.555	28.130
015.011	23.440	24.222	28.830
004.311	28.314	19.632	24.200

5.1.3 Systemdimensionierung

Mit Rücksicht auf die Rüstzeiten beim Produzieren der Teile erfolgte die Systemdimensionierung in Anlehnung an die bisherigen Losgrößen, die durch die Andlersche Losgrößenformel ermittelt wurden (Tabelle 4). Nach einer Testphase von drei Monaten wurden aufgrund der Reduzierung der Rüstvorgänge auch die Losgrößen reduziert.

Für jedes Produkt wurden drei Behälter festgelegt.

- Inhalt Behälter 1 + 2 = Sicherheitsbestand
- Inhalt Behälter 3 = Losgröße nach Andler

Tabelle 4: Festlegen von Losgrößen und Sicherheitsmengen

Ident-Nr.	Max. Monatsbedarf	Min. Monatsbedarf	Ø Monatsbedarf
014.211	100.300	80.000	40.000
015.811	78.450	80.000	40.000
015.711	45.670	60.000	30.000
014.411	37.900	40.000	20.000
015.611	37.540	40.000	20.000
014.711	34.300	35.000	17.500
004.411	28.130	30.000	15.000
015.011	28.830	30.000	15.000
004.311	24.200	25.000	12.500

5.1.4 Auswahl der Sachmittel

Bei den Kanban-Behältern handelt es sich um genormte Transportbehälter, die in einem speziellen Regal auf Rollenbahnen gelagert sind. Wird ein Behälter von der Vorderseite des Regals entnommen, rutschen die anderen Behälter durch die leichte Schräglage der Rollenbahnen nach (Bild 42).

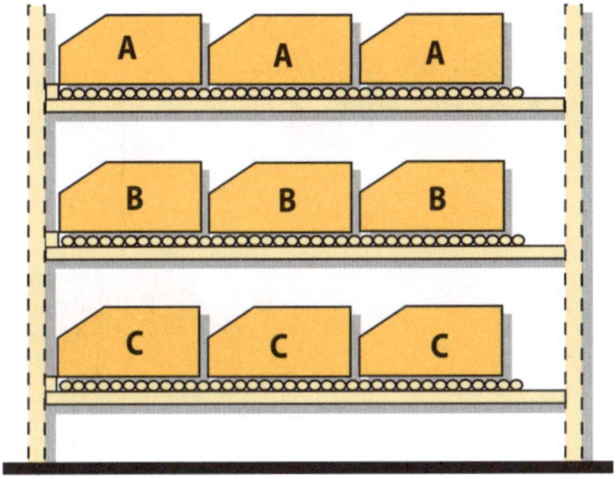

Bild 42: Kanban-Behälter auf Rollenbahnen

5.1.5 Funktionsweise

Die vollen Kanban-Behälter werden aus dem Regal entnommen und in den nachgeordneten Abteilungen verbraucht. Wird ein Behälter leer, muss dieser an den Erzeuger (Quelle) zurückgegeben werden. Für die Rückgabe des leeren Behälters kann auch ein bestimmter Platz im Lager gekennzeichnete werden. Der Erzeuger füllt den Behälter wieder auf und stellt ihn ins Regal zurück (Bild 43).

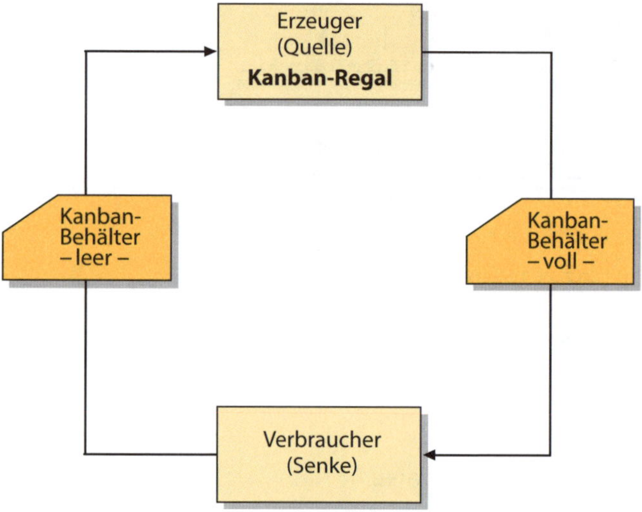

Bild 43: Kanban-Regelkreis mit Behältern

5.1.6 First-in-/First-out-Prinzip

Um einer Veralterung der Produkte vorzubeugen, sollte das First-in-/First-out-Prinzip angewandt werden (Bild 44).

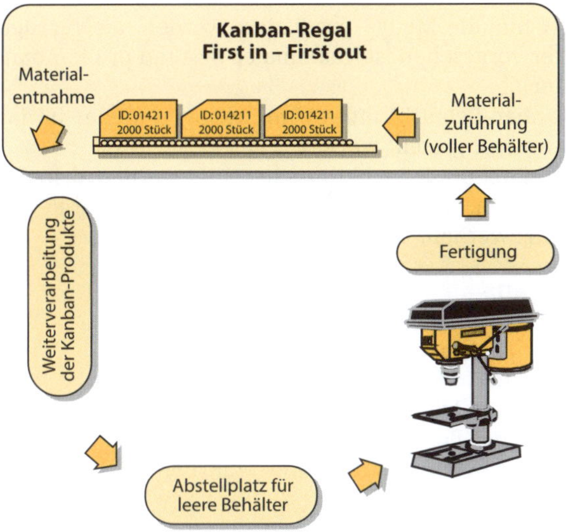

Bild 44: Kanban-Regal (First-in-/First-out-Prinzip) Regelkreis in der Produktion

5.1.7 Spielregeln

- Die Teile dürfen nur aus dem ersten Kanban-Behälter (Vorderseite des Regals) entnommen werden.
- Es darf erst dann aus dem nächsten Kanban-Behälter entnommen werden, wenn der vorherige vollständig leer ist.
- Leere Behälter müssen sofort an die vorgelagerte Abteilung (Erzeuger) weitergegeben werden, damit innerhalb der Wiederbeschaffungszeit nachproduziert werden kann.
- Der Kanban-Behälter muss innerhalb von 72 Stunden vom Erzeuger wieder aufgefüllt werden.

- Es darf nur die Menge produziert werden, die für den Behälter vorgesehen ist (maximaler Bestand pro Kanban-Behälter).
- Der Kanban-Behälter muss vom Erzeuger wieder in das Kanban-Regal gestellt werden.
- First-in-/First-out-Prinzip muss beachtet werden, d. h. der volle Behälter muss von der Rückseite des Kanban-Regals zugeführt werden.

5.1.8 Vorteile

- Erhöhte Transparenz in der Fertigung
- Verringerung der Suchzeiten durch ordentliche und übersichtliche Lagerung im Kanban-Regal
- Erhöhung der Bestandssicherheit
- Höhere Eigenverantwortung der Mitarbeiter
- Keine Fertigungsaufträge
- Keine Bestandsbuchungen
- Prinzip First-in bzw. First-out ist gewährleistet

6 Kanban-Steuerung mit Signallampen

6.1 Praxisbeispiel Endmontage

Neben der Visualisierung des Materialbedarfs über Kanban-Karte und Plantafel gibt es auch die Möglichkeit, über Signallampen den Materialbedarf an den Erzeuger bzw. an das Lager zu melden (Bild 45).

Der Mitarbeiter in der Endmontage hat für jede Komponente, die er zum Montieren des Endproduktes benötigt, zwei Verpackungseinheiten am Arbeitsplatz vorrätig. Wird das letzte Teil aus einer Verpackungseinheit entnommen, drückt er am Arbeitsplatz auf die für dieses Material gekennzeichnete Taste. Dem Lagerist wird auf einer Informationstafel im Lager sofort per **Signallampe** angezeigt, an welchem Arbeitsplatz welches Material nachzufüllen ist.
Das benötigte Material wird daraufhin aus dem Lager entnommen und an den Arbeitsplatz gebracht. Nach dem Eintreffen des Materials wird eine bestimmte Taste durch den Werker gedrückt, der Wareneingang wird quittiert. Dann erlischt die Lampe im Lager.

Dieses System ist dann zu empfehlen, wenn nur wenig verschiedene Komponenten, beispielsweise in der Endmontage, benötigt werden. Neben den aufleuchtenden Lampen kann auch noch ein akustisches Signal für die Meldung eingesetzt werden.

6.1.1 Kanban-Informationstafel

Material	Montagearbeitsplatz								
	1	2	3	4	5	6	7	8	9
Gehäuse 23568	●	⊗	⊗	⊗	●	⊗	⊗	⊗	⊗
Stecker 45637	⊗	⊗	⊗	⊗	⊗	⊗	⊗	●	⊗
Verbindung 3	⊗	⊗	⊗	⊗	●	⊗	⊗	⊗	⊗
U-12-7	⊗	⊗	⊗	●	⊗	⊗	⊗	⊗	⊗
Bogen 45°	⊗	⊗	●	⊗	⊗	⊗	⊗	●	⊗
Exzenter 256	●	⊗	⊗	⊗	⊗	⊗	⊗	⊗	⊗
Steg 42 lang	⊗	⊗	⊗	⊗	⊗	⊗	⊗	⊗	⊗
Blech 56254	⊗	⊗	⊗	⊗	●	⊗	⊗	⊗	⊗
Abdeckung 23	●	⊗	⊗	⊗	⊗	●	⊗	⊗	⊗
Bügelhalter	⊗	⊗	⊗	⊗	⊗	⊗	⊗	⊗	⊗
Bodenblech 12	●	⊗	⊗	⊗	⊗	⊗	⊗	●	⊗
Schraube 4562	●	⊗	⊗	●	⊗	⊗	⊗	⊗	⊗
Mutter M32	⊗	⊗	⊗	⊗	⊗	⊗	●	⊗	⊗
Leiste 25612	⊗	⊗	⊗	⊗	⊗	⊗	⊗	⊗	⊗
Bügel 12 x 2	⊗	⊗	⊗	⊗	●	⊗	⊗	⊗	⊗
Karton 2356	⊗	⊗	⊗	●	⊗	⊗	⊗	⊗	⊗

● Material wird am Arbeitsplatz benötigt.

⊗ Material noch in ausreichender Menge vorhanden.

Bild 45: Kanban über Signallampen

6.1.2 Funktionsweise

Der Materialbedarf wird durch eine Signallampe angezeigt. Das benötigte Material wird daraufhin bereitgestellt, die Lampe wird gelöscht.

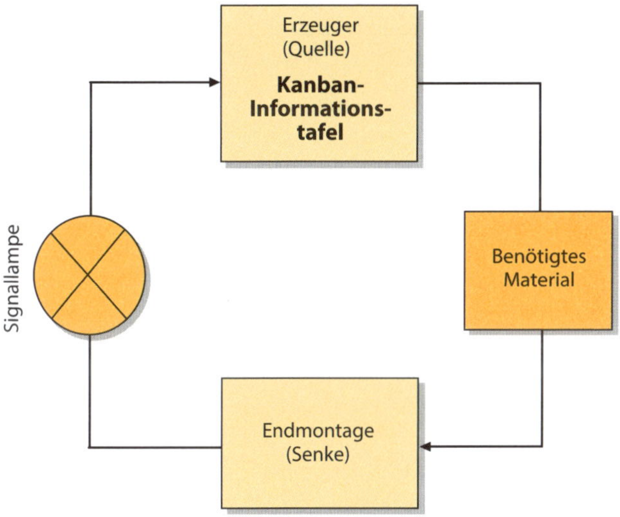

Bild 46: Kanban-Regelkreis über Signallampen

7 Kanban-Steuerung mit Signalen und Pendelkarte

7.1 Praxisbeispiel Fertigwarenlager

Die Visualisierung der Lagerbestände über einfache Signale und die Selbststeuerung der Bestände über den Lageristen zeigt das folgende Beispiel:

> In einem Unternehmen werden Fertigprodukte direkt ab Lager verkauft. Alle Komponenten, die zur Herstellung dieser Produkte benötigt werden, sind Kanban-Teile, d. h. die komplette Herstellungskette dieser Produkte ist selbststeuernd. Um dem Vertrieb zu garantieren, dass immer eine bestimmte Mindestmenge dieser Fertigprodukte am Lager ist, wurde eine Kanban-Steuerung über Signale im Fertigwarenlager und eine Pendelkarte eingeführt. Der Lagerist verwaltet und disponiert diese Produkte nun selbstständig. Die Verfügbarkeit der Produkte und somit die Lieferbereitschaft gegenüber dem Kunden ist mit diesem System erheblich gestiegen.

7.1.1 Auswahl der Kanban-geeigneten Produkte

Es wurden Fertigprodukte ausgewählt, die einen gleichmäßigen Verbrauch in der Vergangenheit hatten und die nach Einschätzung des Marktes auch weiterhin in gleichmäßigen Mengen vom Kunden abgerufen werden.

7.1.2 Auswahl der Sachmittel

Neben den aufgestapelten Kartons mit den Fertigprodukten wurde auf der Vertikalstrebe des Regals ein roter, ein gelber und ein grüner Bereich gezeichnet. Die jeweiligen Farben kennzeichnen eine Lage von Kartons (z. B. drei Stück). Im roten Bereich hängt eine Kanban-Pendelkarte, die abgenommen werden kann.

Mit dieser Kanban-Pendelkarte kann eine neue Bestellung in der Endmontage ausgelöst werden (Bild 47).

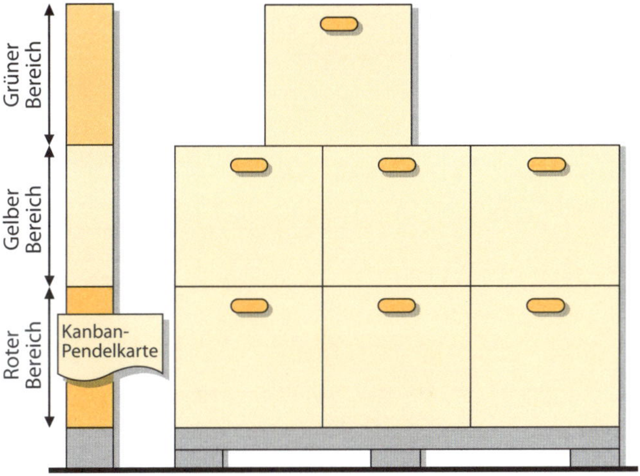

Bild 47: Kanban-Steuerung mit Signalen und Pendelkarte

7.1.3 Funktionsweise

Die einzelnen Kartons werden vom Mitarbeiter im Lager von der Palette entnommen und an den Kunden weitergeleitet. Wird der rote Bereich erreicht, d. h. sind nur noch drei Kartons am Lager, muss der Mitarbeiter die Kanban-Pendelkarte sofort an die Endmontage weiterleiten. In der Endmontage werden wieder sechs Kartons mit Fertigprodukten montiert und zusammen mit der Kanban-Pendelkarte in das Lager zurückgeschickt. Der Lagerist stapelt die Kartons wieder auf die Palette und hängt die Kanban-Pendelkarte erneut in den roten Bereich (Bild 48).

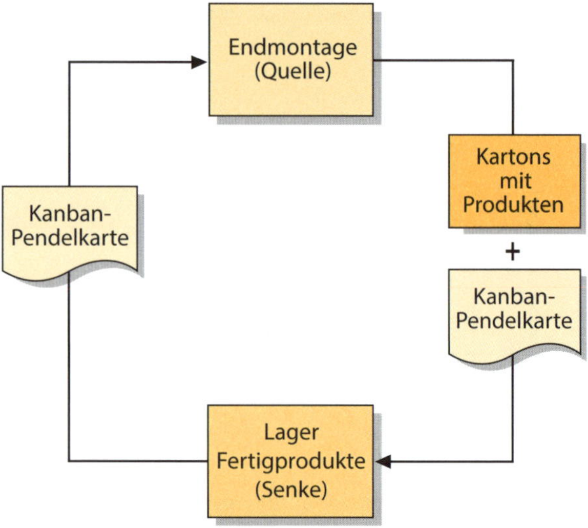

Bild 48: Kanban-Regelkreis Endmontage – Lager

7.1.4 Spielregeln

- Beim Erreichen des roten Bereichs muss die Kanban-Pendelkarte sofort an die Endmontage weitergegeben werden.
- Die Endmontage muss innerhalb von 48 Stunden die geforderte Menge von Produkten montieren.
- Die gefertigten Produkte müssen zusammen mit der Kanban-Pendelkarte wieder ins Fertigwarenlager zurückgeführt werden.

- Der verantwortliche Mitarbeiter im Lager und der Gruppensprecher in der Endmontage können die Montage der Produkte auch dann starten, wenn die Kartons noch im gelben Bereich sind.
- Der maximale Bestand darf nicht bzw. nur nach Absprache überschritten werden.
- Beim Einlagern der Produkte muss ein Zugang innerhalb des PPS-Systems gebucht werden, damit die Produkte vom Vertrieb fakturiert werden können.
- Die Kanban-Mengen werden halbjährlich durch den Kanban-Verantwortlichen überprüft und in Absprache mit dem Vertrieb erhöht bzw. reduziert.

7.2 Praxisbeispiel Kopierpapier

Im folgenden Beispiel wird gezeigt, wie einfach die Verfügbarkeit von Büromaterial erhöht werden kann.

> Kopierpapier wird oft in Schränken neben den Kopierern aufbewahrt. Zeigt der Kopierer an, dass kein Papier mehr im Kopierer ist, wird der Schrank oft geöffnet, und kein Papier ist mehr vorhanden. Anstatt die gewünschte letzte Kopie noch zu erstellen, muss der Mitarbeiter nun ins zentrale Büromateriallager gehen und neues Kopierpapier besorgen.

Vorgehensweise zur Verbesserung der Situation:

- Einführen eines Kanban-Systems über Signale, um in Zukunft rechtzeitig zu erkennen, wann das Kopierpapier zu Ende geht.
- Verantwortliche für das System festlegen.

7.2.1 Funktionsweise

Anstatt das Kopierpapier in einem Schrank zu lagern, wurde es neben dem Kopierer an der Wand aufgestapelt. Neben dem aufgestapelten Papier wurde ein grüner, ein gelber und ein roter Bereich markiert, der den Bestand an Kopierpapier visualisiert (Bild 49).

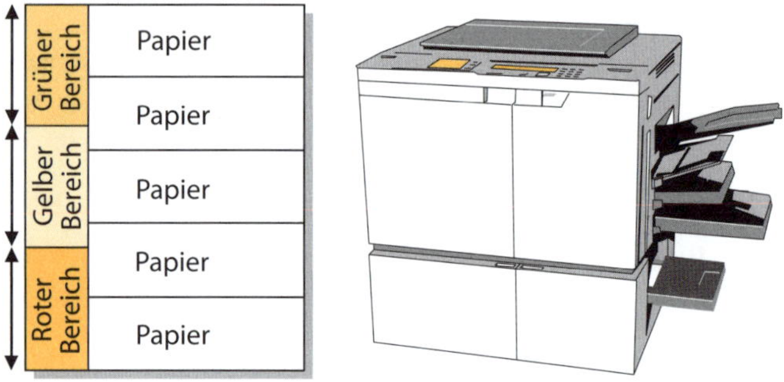

Bild 49: Visualisierung von Kopierpapierbeständen

Wird der rote Bereich erreicht, muss ein Bestellformular an das Büromateriallager gefaxt werden, um eine Bestellung von Kopierpapier auszulösen.

8 Kanban-Steuerung mit Pendelkarten

8.1 Praxisbeispiel Büromaterial

Die Verfügbarkeit von Büromaterial ist in Unternehmen genauso wichtig wie die Verfügbarkeit von Produktionsmaterial. Das nachfolgende Beispiel zeigt, wie einfach Büromaterial über Kanban gesteuert werden kann.

> In einem Unternehmen wird Büromaterial in einem zentralen Schrank aufbewahrt. Verantwortlich für die Nachbestellung von Büromaterial ist der zentrale Einkauf. Die Mitarbeiter entnehmen sich ihr benötigtes Büromaterial eigenverantwortlich aus dem Schrank. Entnimmt ein Mitarbeiter den letzten Textmarker aus dem Schrank, freut er sich, dass er noch einen bekommen hat, informiert aber nicht den zentralen Einkauf. Der nächste Mitarbeiter, der einen Textmarker braucht, hat leider Pech gehabt. Er wiederum informiert dann den zentralen Einkauf; die Textmarker werden bestellt.

8.1.1 Vorgehensweise zur Verbesserung

1. Standardisierung der Produkte
2. Einführen eines selbststeuernden Systems
3. Schulung der Mitarbeiter

Standardisierung der Produkte

Bei dem Projekt wurde festgestellt, dass einige Büroartikel doppelt bevorratet wurden, beispielsweise zwei verschiedene blaue Kugelschreiber, 20 verschiedenfarbige Stifte und unterschiedliche Radiergummigrößen.

Ziel war es, die vielen Varianten von Büromaterial auf einige wenige zu verringern.

Durch die Standardisierung konnte die Produktpalette von Büromaterial um 40 % reduziert werden.

Einführen eines selbststeuernden Systems

Das System muss folgende Merkmale aufweisen:

- Ein Mindestbestand muss immer gesichert sein
- Der zentrale Einkauf muss beim Erreichen des Mindestbestandes informiert werden
- Niedrige Bestände
- Hohe Verfügbarkeit

Funktionsweise

Bei allen Büromaterialartikeln, die regelmäßig verbraucht werden, wurde ein Mindestbestand festgelegt. Dieser Mindestbestand muss so groß sein, dass innerhalb der Wiederbeschaffungszeit des Lieferanten keine Engpässe in der Büromaterialversorgung entstehen (Bild 50).

Textmarker wurden z. B. in einer beschrifteten Box gelagert. In der untersten Lage der Box befindet sich eine Kanban-Karte, die das Erreichen des Mindestbestandes signalisiert.

Wird der Mindestbestand erreicht, muss die Kanban-Karte aus der Box entnommen und an den zentralen Einkauf weitergegeben werden. Die Bestellung für neue Textmarker wird dann ausgelöst, und die Kanban-Karte wird zusammen mit den gelieferten Textmarkern wieder in die Box gelegt.

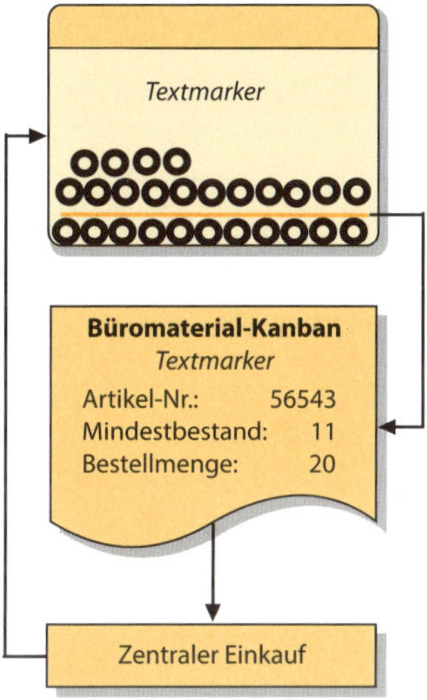

Bild 50: Büromaterialbestellung über Kanban-Karte

Für die Weitergabe der Kanban-Karten eignet sich auch ein Briefkasten am Büromaterialschrank, in den die Kanban-Karten eingeworfen werden. Der Briefkasten muss dann z. B. einmal täglich vom zentralen Einkauf geleert werden, und die Bestellungen müssen ausgelöst werden.

Vorteile

- Hohe Verfügbarkeit der Produkte
- Selbststeuernder Regelkreis
- Niedrige Bestände

Der **Beschaffungsweg** über den zentralen Einkauf kann entfallen, wenn z. B. über Faxabruf die Bestellung direkt zum Büromateriallieferanten geschickt wird (Bild 51).

Direktbestellung beim Lieferanten

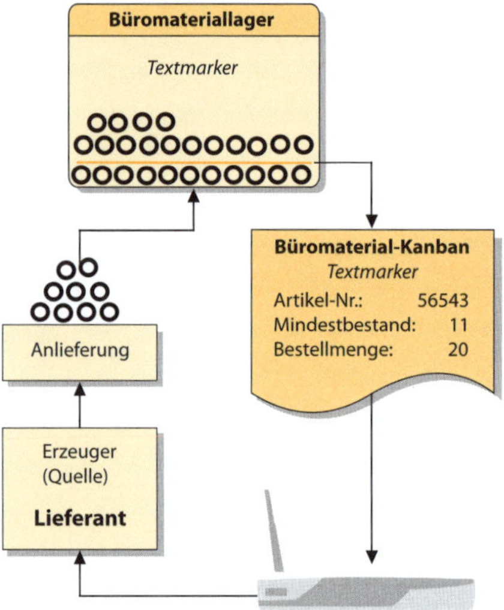

Bild 51: Büromaterialbestellung direkt beim Lieferanten

9 Kanban-Steuerung mit Plantafel und Pin

9.1 Praxisbeispiel Rohmaterial

Im folgenden Beispiel wird gezeigt, wie mit einer **Pinnwand** das komplette Rohmaterial einer Stanzerei über Kanban gesteuert werden kann.

➔ In der Stanzerei eines Unternehmens werden Stanzteile über eine interne Kanban-Steuerung (mit Plantafel und Pendelkarten) disponiert. Die Stanzteile werden innerhalb des PPS-Systems nicht weiter im Bestand geführt. Da die Stanzteile nicht mehr zu- und abgebucht werden, kann auch das Rohmaterial (Stahl) nicht länger über das PPS-System disponiert werden.
Aus diesem Grund ist es notwendig, das Vormaterial in Form von aufgewickeltem Stahlblech, so genannten Stahl-Coils, ebenfalls ohne PPS über ein Kanban-System zu disponieren. Für die Materialdisposition wurde eine **Plantafel** entwickelt, mit deren Hilfe der Mitarbeiter vor Ort ohne PPS das Rohmaterial über Fax beim Lieferanten abrufen kann.

9.1.1 Auswahl der Kanban-geeigneten Produkte

Die Kanban-Stanzteile wurden bereits über eine ABC-Analyse ausgewählt (siehe Kapitel 3 „Kanban-Steuerung mit Pendelkarten und Plantafel"). Das Rohmaterial dieser Produkte unterliegt ebenfalls einem gleichmäßig bis leicht schwankenden Verbrauch, sodass die einzelnen Rohmaterialien auch Kanban-geeignet sind.

9.1.2 Funktionsweise

Für die Steuerung der Abrufe beim Stahllieferanten durch den Mitarbeiter in der Stanzerei wurde eine Plantafel mit Pins entwickelt. Für jeden Stahl-Coil, der im Lager zur Verfügung steht, steckt in der Plantafel ein Pin (Bild 52).

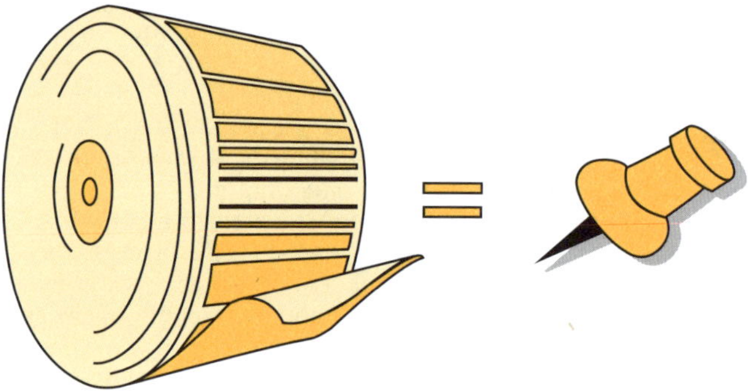

Bild 52: Ein Stahl-Coil entspricht einem Pin auf der Plantafel

Wird bei der Produktion von Stanzteilen ein Stahl-Coil verbraucht, wird beim entsprechenden Material ein Pin aus der Plantafel entfernt.

Innerhalb genau definierter Spielregeln löst der Mitarbeiter über ein Faxformular beim Lieferanten eine Bestellung aus.

Wird die Ware angeliefert, wird pro angeliefertem Stahl-Coil ein Pin in die Plantafel beim entsprechenden Material gesteckt (Bild 53).

Die **Bestandsüberwachung** und Bestellung wird direkt vom Mitarbeiter in der Stanzerei vorgenommen. Mit dem Lieferanten werden entsprechende Jahresabrufmengen vereinbart.

9.1.3 Kanban-Plantafel

Bild 53: Kanban-Plantafel mit Pins

9.1.4 Systemdimensionierung

Für jedes Material auf der Plantafel muss ein grüner, ein gelber und ein roter Bereich definiert werden.

Roter Bereich = Sicherheitsbestand (Mindestbestand)

Wird dieser Bereich erreicht, muss spätestens bestellt werden. Die Materialmenge innerhalb des roten Bereichs muss so definiert sein, dass innerhalb der Wiederbeschaffungszeit des Lieferanten immer noch genügend Material zur Verfügung steht, um den durchschnittlichen Bedarf zu decken (Bild 54 und Bild 55).

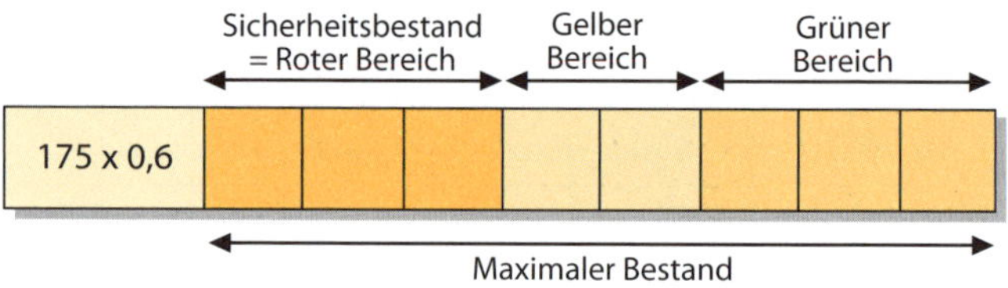

Bild 54: Definition der Bereiche

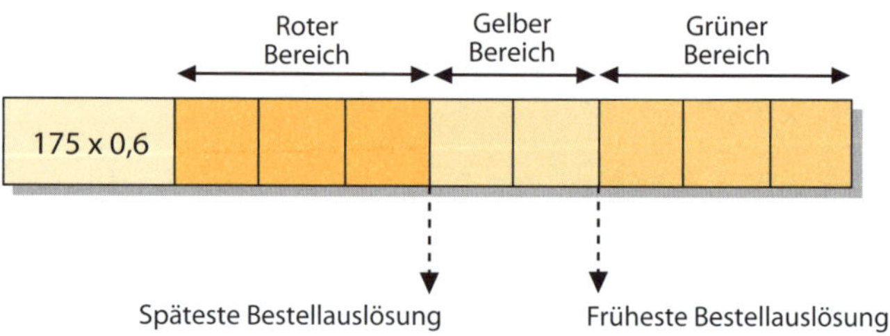

Bild 55: Definition der Bestellpunkte

Berechnung des Sicherheitsbestandes (SB)

SB = DV x (WBZ + SZ)

SB = Sicherheitsbestand
DV = Durchschnittlicher Verbrauch pro Tag
WBZ = Wiederbeschaffungszeit in Tagen
SZ = Sicherheitszuschlag
Beispiel: Stahl 675 × 0,75
DV = 1,5 Stahl-Coil
WBZ = 1 Tag
SZ = 1 Tag

SB = 1,5 x (1 + 1)

SB = 3 Stahl-Coils

Ergebnis

Ein Sicherheitsbestand (roter Bereich) von drei Stahl-Coils ist ausreichend.

Berechnung des maximalen Bestandes (MB)

Da beim Lieferanten mit einer Mindestbestellmenge bestellt werden muss, müssen Sammelmengen mit in die Berechnung einfließen. Die Bestellmenge (BM) in unserem Beispiel entspricht 3 Stahl-Coils.

MB = *WBZ* x *DV* + *BM* + *SB*

MB = Maximaler Bestand
WBZ = Wiederbeschaffungszeit

DV = Durchschnittlicher Verbrauch/Tag
BM = Bestellmenge pro Losgröße
SB = Sicherheitsbestand (Stück)
Beispiel: Stahl 675 × 0,75
DV = 1,5 Stahl-Coil
WBZ = 1 Tag
BM = 3 Stahl-Coils
SB = 3 Stahl-Coils

$$MB = 1 \text{ x } 1{,}5 + 3 + 3$$

MB = **7,5 Stahl-Coils**

Ergebnis

Der maximale Bestand beträgt aufgerundet 8 Stahl-Coils.

9.1.5 Funktionsweise

Befinden sich die Pins im grünen Bereich (d. h. es sind noch mindestens sechs Stahl-Coils am Lager), darf nicht bestellt werden, da bei einer Bestellung von drei Stahl-Coils (Bestellmenge) der maximale Bestand (acht Stahl-Coils) überschritten wird (Bild 56).

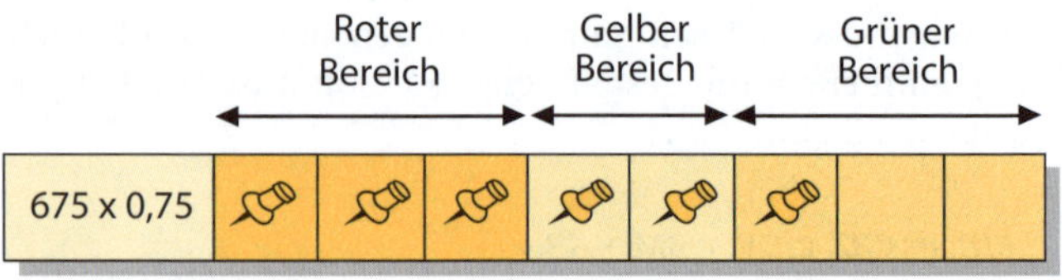

Bild 56: Bestand: 6 Pins = 6 Stahl-Coils → Nicht bestellen!

Befinden sich die Pins im gelben Bereich (vier bis fünf Stahl-Coils noch am Lager), kann bestellt werden. Der Mitarbeiter entscheidet, ob er z. B. beim Bestellen von anderem Material dieses Material gleich mitbestellt. Auch wenn kein Material mehr innerhalb der Wiederbeschaffungszeit verbraucht wird, wird der maximale Bestand nach dem Wareneingang der Bestellmenge (drei Stahl-Coils) nicht überschritten (Bild 57).

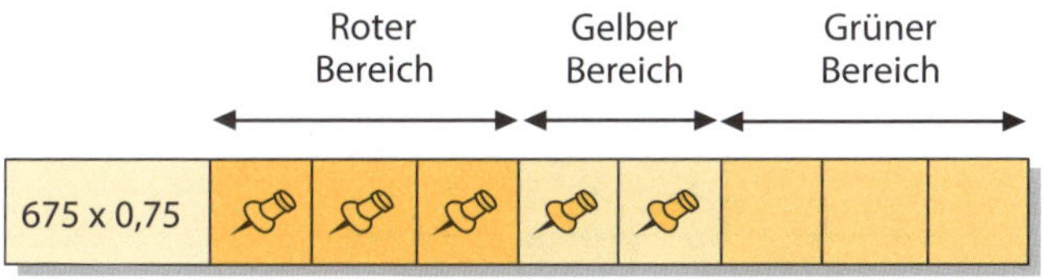

Bild 57: Bestand: 5 Pins = 5 Stahl-Coils → Bestellung möglich!

Befinden sich die Pins im roten Bereich (maximal drei Stahl-Coils noch am Lager), muss bestellt werden, da sonst nicht mehr gewährleistet ist, dass innerhalb der Wiederbeschaffungszeit genügend Material zur Verfügung steht (Bild 58).

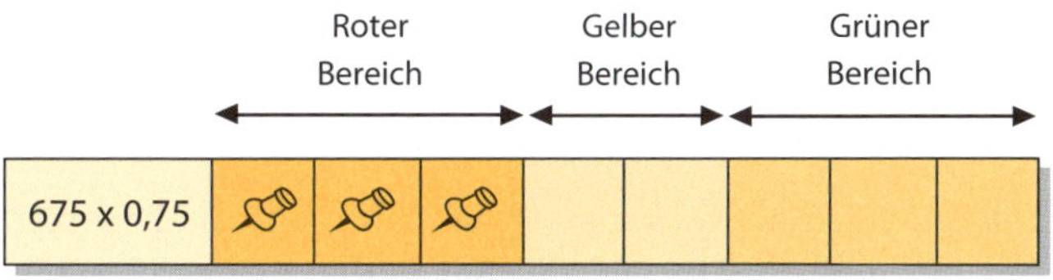

Bild 58: Bestand: 3 Pins = 3 Stahl-Coils → Bestellung erforderlich!

9.1.6 Ablauf der Bestellung

Der Mitarbeiter entnimmt eine Kopie des Bestellformulars und trägt die erforderlichen Mengen an Stahl-Coils in das Formblatt ein. Das Formblatt wird zum Lieferanten gefaxt und in einen Verteiler gesteckt. Zur Kontrolle und um Doppelbestellungen zu vermeiden, wird an die Plantafel der Vermerk *Bestellt* angepinnt (Bild 59).

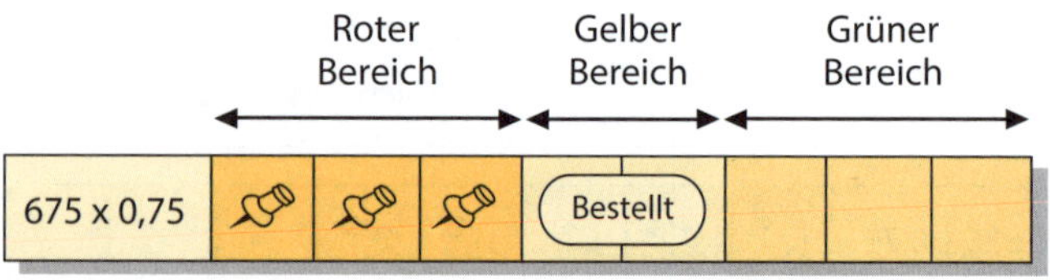

Bild 59: Bestellung ausgelöst

Bei Anlieferung des Materials wird die Bestellung aus dem Verteiler genommen und vernichtet. Für jeden angelieferten Stahl-Coil wird in der entsprechenden Spalte auf der Plantafel ein Pin eingesteckt. Der Vermerk *Bestellt* wird wieder entfernt. Wird das Material weiterhin über das PPS-System verwaltet, kann anhand des Lieferscheines das Material zugebucht werden.

9.2 Praxisbeispiel Pulverlack

Wie einzelne Kartons mit Pulverlack optimal disponiert werden können, zeigt das folgende Beispiel:

➔ In einem Unternehmen werden Stanzteile nach dem Umformen in einer Pulverlackieranlage lackiert. Die Menge des benötigten Pulvers kann nicht genau definiert werden, da die Schichtdicken unterschiedlich sind und eine unbekannte Menge an Pulverlack im Lackierprozess verloren geht. Um sicherzustellen, dass immer genügend Pulverlack für die Kundenaufträge zur Verfügung steht, wurde – wie im „Praxisbeispiel Rohmaterial" – eine Plantafel entwickelt. Mit Hilfe dieser Plantafel kann der verantwortliche Mitarbeiter der Lackieranlage nun selbst den Pulverlack disponieren und bestellen.

Der Pulverlack wird in Kartons zu 20 kg Inhalt gelagert (Bild 60).

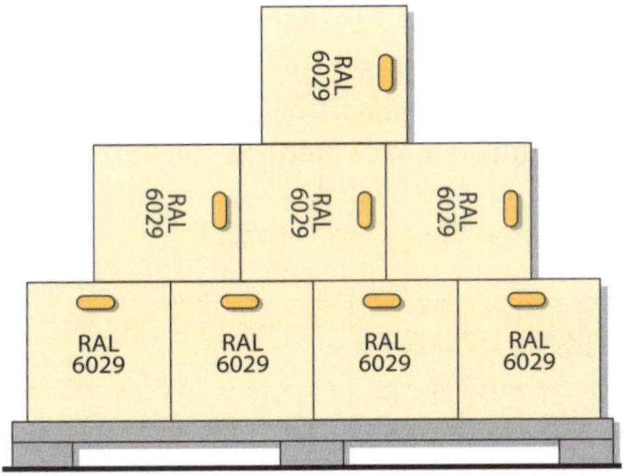

Bild 60: Lagerung von Pulverlack in 20-kg-Kartons

Für die Steuerung der Abrufe beim Pulverlacklieferanten wurde eine Plantafel entwickelt. Für jeden Karton mit 20 kg Pulverlack steckt in der Plantafel bei der entsprechenden Farbe ein Pin (Bild 61).

Bild 61: Ein Karton Pulverlack = ein Pin auf der Plantafel

Wird beim Lackieren ein Karton Pulverlack verbraucht, wird ein Pin bei der entsprechenden Farbe auf der Plantafel entfernt. Spätestens wenn der rote Bereich (Sicherheitsbestand) bei einer Farbe erreicht wird, löst der Mitarbeiter beim Lieferanten eine Bestellung aus (Bild 62).

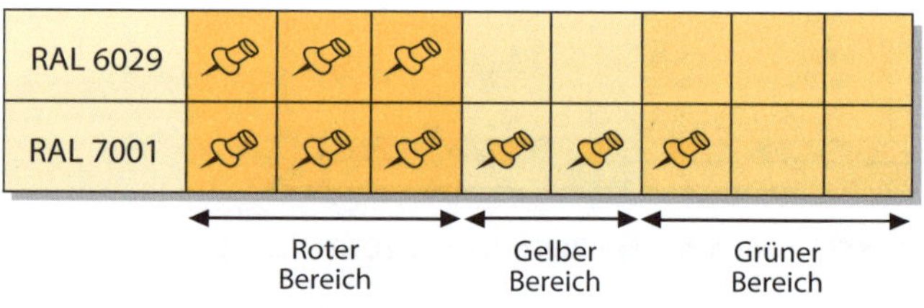

Bild 62: Plantafel für Pulverlack (Auszug)

In der Regel bestellt der Mitarbeiter zweimal in der Woche Pulverlack beim Lieferanten. Ein Blick auf die Plantafel genügt, und er hat sofort einen Überblick, welche Pulverlacke er bestellen muss. Bei der Anlieferung wird pro Karton Pulverlack wieder ein Pin bei der entsprechenden Farbe in die Plantafel eingesteckt.

Kanban-Steuerung Pulverlack

Spielregeln

- 1 Pin = 1 Karton (20kg) Pulverlack
- Bei Verbrauch eines Kartons muss der Pin aus der Plantafel entfernt werden
- Bei der Anlieferung von neuem Pulverlack muss bei der entsprechenden Farbe wieder ein Pin je Karton in die Plantafel gesteckt werden
- Die Bestellung von neuem Pulverlack wird von dem Kanban-Verantwortlichen vorgenommen

Für Bestellungen gilt:

- Pin im grünen Bereich = keine Bestellung
- Pin im gelben Bereich = Bestellung möglich
- Pin im roten Bereich = Bestellung erforderlich

Verantwortlich für das Kanban-System:
Karin Müller und Gerhard Mayer

Bild 63: Kanban-Spielregeln

10 Kanban zur Optimierung der Materialbereitstellung

10.1 Praxisbeispiel Materialflussoptimierung

Die Beseitigung von Verschwendung durch das Suchen und Transportieren von Material wird immer wichtiger in Unternehmen. Das folgende Beispiel zeigt, wie die Zeiten für die Materialbereitstellung erheblich verringert werden können.

➔ In einem Unternehmen werden Produkte an Einzelarbeitsplätzen in der Endmontage montiert. Alle Komponenten, die zur Montage des Produkts erforderlich sind, werden in unmittelbarer Nähe des Arbeitsplatzes in Kunststoffbehältern oder Schachteln aufbewahrt und in Regalen gelagert. Wird der Behälter leer, muss der Mitarbeiter ins Lager, um sich dort einen gefüllten Behälter abzuholen.

Durch diese Vorgehensweise verliert der Mitarbeiter sehr viel Zeit, die nicht zur Wertschöpfung des Produkts beiträgt. Lange Wege ins Lager und Wartezeiten im Lager steigern nicht den Wert des Produkts, sondern stellen eine klassische Form von **Verschwendung** dar.

Um die Verschwendung zu verringern und die Unterbrechungszeiten in der Endmontage möglichst gering zu halten, wurde ein System geschaffen, das sicherstellt, dass immer genügend Komponenten an den einzelnen Arbeitsplätzen in der Endmontage zur Verfügung stehen.

10.1.1 Vorgehensweise

Die Mitarbeiter in der Endmontage wurden gebeten, jede Unterbrechung zu dokumentieren, die zur Beschaffung von Material notwendig ist. Anhand dieser Erhebung an 23 Montageplätzen konnte nun festgestellt werden, wie viele Minuten pro Tag jeder Mitarbeiter „unterwegs" ist, um sich Material im Lager zu beschaffen.

Ergebnis

An den insgesamt 23 Einzelmontageplätzen im Unternehmen werden täglich insgesamt 9,6 Stunden verschwendet, um Material zur Montage der Produkte im Lager zu holen (Bild 64).

Montageplatz Nr.: 56235 **Datum: 24.6.20xx**	
Zu beschaffendes Material	*Benötigte Zeit (min)*
Kabelklemmen	4
Schrauben M5	5
Muttern M6	4
Klebeband	4
Schaltschrank 0256 vormontiert	5
	22

Bild 64: Dokumentation der Beschaffungszeiten

Um diese Zeiten in Zukunft so gering wie möglich zu halten, wurde beschlossen, einen Mitarbeiter für die Bereitstellung des benötigten Materials an den einzelnen Montagearbeitsplätzen freizustellen.

10.1.2 Visualisierung des Materialbedarfs

Um den Mitarbeiter, der für die Materialbereitstellung zuständig ist, rechtzeitig zu informieren, wann er an die einzelnen Arbeitsplätze welches Material bringen muss, wurde eine Plantafel entwickelt. Wird Material an dem Arbeitsplatz verbraucht (Verpackungseinheit wird leer), muss eine Kanban-Karte an die Plantafel gesteckt werden. Innerhalb von maximal zwei Stunden müssen neues Material und die Kanban-Karte wieder am Arbeitsplatz sein.

Um zu visualisieren, wann die Kanban-Karte an die Plantafel gehängt wurde und wann das Material spätestens wieder am Arbeitsplatz sein muss, wurde die Plantafel in einzelne Zeitsegmente unterteilt (Bild 65).

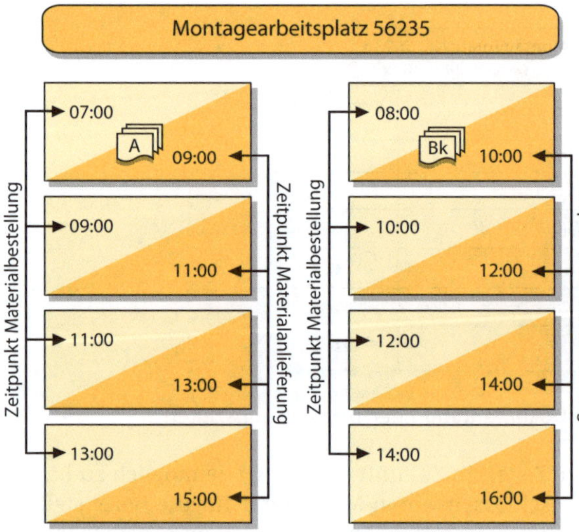

Bild 65: Kanban-Tafel zur Materialbereitstellung

10.1.3 Funktionsweise

Jedes Material, egal ob Halbfabrikat oder Hilfs- und Betriebsstoffe, wird an dem Arbeitsplatz in doppelter Menge bevorratet. Die einfache Menge muss mindestens zwei Stunden ausreichen. Das entspricht der Wiederbeschaffungszeit des Materialbereitstellers.

Wird z. B. um 7 Uhr aus einer Schachtel mit Schrauben die letzte Schraube entnommen, wird die Kanban-Karte auf der Schachtel entfernt und an die Plantafel im Bereich 7 Uhr gehängt.

Der für die Materialbereitstellung zuständige Mitarbeiter nimmt die Kanban-Karte von der Plantafel und bringt innerhalb von maximal zwei Stunden wieder eine Schachtel mit Schrauben und die daran befestigte Kanban-Karte an den Arbeitsplatz zurück.

Die Kanban-Karten sind durch verschiedene Farben zu unterscheiden: z. B. grüne Kanban-Karten für Montagelinie 1, gelbe Kanban-Karten für Montagelinie 2 oder blaue Kanban-Karten für Montagelinie 3.

Dadurch behält der Materialbereitsteller den Überblick, von welcher Montagelinie er die Kanban-Karte erhalten hat.

10.1.4 Einsparung

Durch die Verkürzung der Materialbereitstellungszeiten konnte an den einzelnen Arbeitsplätzen die Produktivität um 6 % erhöht werden.

11 Kanban-Steuerung über Behälter mit Lieferanten

11.1 Praxisbeispiel Kleinteile/Schüttgut

Dieses Beispiel zeigt, wie mit einfachen Mitteln alle C-Teile eines Unternehmens mit zuverlässigen Lieferanten selbststeuernd beschafft werden können.

Bei vielen Zubehörteilen, die in Unternehmen weiterverarbeitet werden, handelt es sich um **C-Teile**, d. h. um Produkte, die in großen Stückzahlen verbraucht werden, die aber nur einen verhältnismäßig geringen Wert haben (z. B. Schrauben oder Muttern). Diese C-Teile werden in der Regel innerhalb der PPS verbrauchsgesteuert disponiert, d. h. beim Erreichen eines bestimmten, im PPS-System definierten Mindestbestandes wird ein Bestellvorschlag erzeugt. Da diese Teile jedoch einen sehr geringen Wert haben, lohnt es sich oftmals nicht, Restteile wieder ins Lager zurückzuführen. In der Regel werden übrig gebliebene Teile weggeworfen und nicht aus dem Lagerbestand im PPS-System abgebucht. Die Folge ist eine Differenz der tatsächlichen Bestände im Lager mit den Beständen im System. In der Praxis ist es dann so, dass keine Zubehörteile mehr vorrätig sind und der Disponent aufgrund der vorhandenen Teile im System noch nicht einmal einen Bestellvorschlag hat.
Durch zu spät ausgelöste Bestellungen kann es dadurch zu Engpässen in der Produktion kommen.

Um dies zu vermeiden, wurde ein System mit einigen Lieferanten entwickelt, das sicherstellt, dass diese Zubehörteile immer in einer ausreichenden Menge, selbststeuernd ohne PPS, zur Verfügung stehen.

11.1.1 Auswahl der Kanban-geeigneten Produkte

Ausgewählt wurden Zubehörteile aus Kunststoff, bei denen ein gleichmäßiger bis leicht schwankender Verbrauch vorliegt und die in großen Mengen bei Zulieferern bestellt werden (Tabelle 5).

Tabelle 5: Auswahl der Kanban-geeigneten Produkte

Art. Nr.	Ø Monatsverbrauch	Min. Monatsverbrauch	Max. Monatsverbrauch	Kanbangeeignet?
A	20.833	21.600	18.500	Ja
B	12.500	14.100	10.900	Ja
C	1670	3600	200	Nein

Artikel C wurde als nicht Kanban-geeignet eingestuft, da sehr große Verbrauchsschwankungen innerhalb der Betrachtungsperiode festgestellt wurden.

11.1.2 Auswahl der Sachmittel

Die Zubehörteile werden in Eurogitterboxen (Tauschgitterboxen) angeliefert (Tabelle 6).

Tabelle 6: Auswahl der Sachmittel

Artikel Nr.	Stückzahl je Eurogitterbox
A	2500 Stück
B	2200 Stück

11.1.3 Systemdimensionierung

Die notwendige Anzahl an Transport-Kanbans (Eurogitterboxen) hängt im Wesentlichen von dem Bedarf eines Produkts innerhalb einer Periode und von seiner Wiederbeschaffungszeit ab.

$$Y = \frac{D \times WBZ \times (1 + SF)}{SM}$$

Y = Anzahl der Transport-Kanbans
D = Durchschnittlicher Teilperiodenbedarf
WBZ = Wiederbeschaffungszeit
SF = Sicherheitsfaktor
SM = Standardmenge je Transport-Kanban
Beispiel: Artikel A
D = 20.833 Stück pro Monat (= 960 Stück pro Tag)
WBZ = 5 Tage
SF = 3
SM = 2500 Stück

$$Y = \frac{960\ ^{\text{Stück}}/_{\text{Tag}} \times 5\ \text{Tage} \times (1+3)}{2500\ \text{Stück}}$$

Y = 8 Transport-Kanbans

Ergebnis

Aufgrund der gegebenen Werte ist eine Kanban-Menge von acht Eurogitterboxen mit jeweils 2500 Stück ausreichend.

11.1.4 Funktionsweise

Die Eurogitterboxen mit den Zubehörteilen werden an genau definierten Stellplätzen im Lager gestapelt. Auf einem Stellplatz werden leere Eurogitterboxen, daneben werden volle Eurogitterboxen abgestellt. Der Werker entnimmt die Zubehörteile aus dem Lager und verarbeitet sie in der Produktion. Ist der Behälter leer, muss er an dem Stellplatz für leere Gitterboxen abgelegt werden (Bild 66).

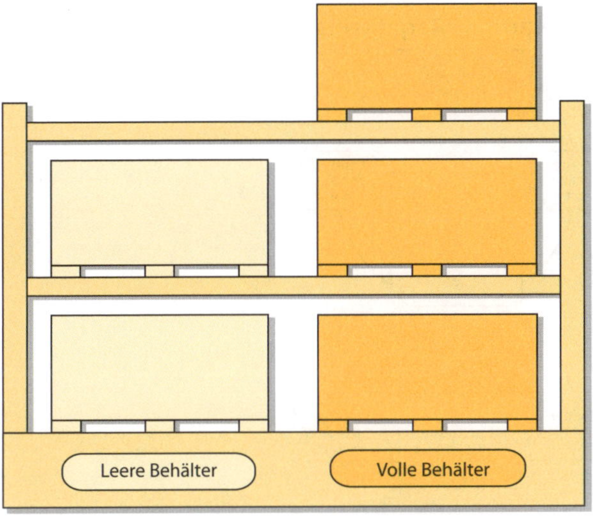

Bild 66: Kanban-System mit Tauschbehältern

Der Lieferant tauscht täglich selbstständig die leeren gegen volle Eurogitterboxen aus.

Die Behälter sind eindeutig gekennzeichnet und dürfen nur für dieses Zubehörteil verwendet werden (Bild 67).

11.1.5 Kanban-Regelkreis

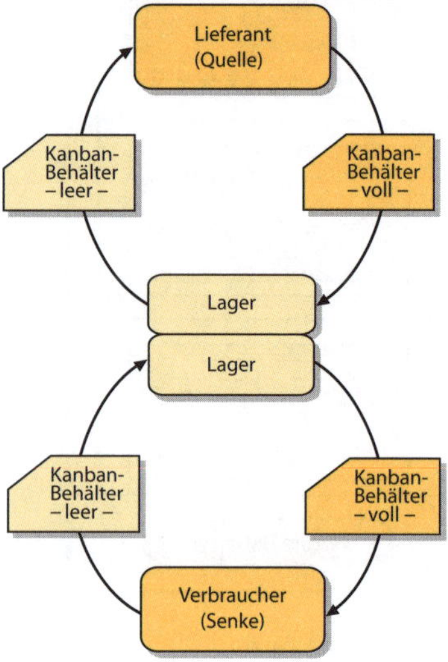

Bild 67: Kanban-Regelkreis Lieferant → Lager → Verbraucher

11.1.6 Spielregeln

Der Lieferant verpflichtet sich ...

- täglich die leeren Eurogitterboxen gegen volle auszutauschen.
- beim Einlagern der Eurogitterboxen im Lager das First-in-/First-out-Prinzip zu beachten.
- nur überprüfte Gutteile anzuliefern (Warenausgangskontrolle beim Lieferanten).
- bei Lieferverzögerungen sofort den Kanban-Koordinator zu informieren.

Der Mitarbeiter verpflichtet sich ...

- erst dann eine neue Eurogitterbox aus dem Lager zu entnehmen, wenn die geleerte Eurogitterbox wieder ins Lager zurückgebracht wurde.
- die leeren Eurogitterboxen immer auf die gekennzeichneten Stellflächen im Lager abzustellen.

Der Kanban-Koordinator verpflichtet sich ...

- regelmäßig den Verbrauch pro Periode zu überprüfen und ggf. die Kanban-Mengen zu verringern bzw. zu erhöhen.
- bei einmaligen *Großaufträgen* den Lieferanten rechtzeitig zu informieren.

12 Kanban-Steuerung über E-Mail oder Faxabruf

12.1 Praxisbeispiel Kartonagen

Durch die Bestellung von Kartonagen direkt durch den Mitarbeiter im Lager konnte im folgenden Praxisbeispiel die Lieferfähigkeit erheblich gesteigert werden.

> Kartonagen, die für den Versand der Produkte in einem Unternehmen notwendig sind, können nicht über das PPS-System verwaltet werden, da die Menge der benötigten Kartonagen nicht in der Stückliste berücksichtigt werden kann. Die Kartonagen können dadurch nicht über die Stückliste abgebucht und somit nicht im Bestand geführt werden.
> Die Folge ist, dass es immer wieder zu Engpässen kommt, da keine Kartonagen mehr für die Produktion zur Verfügung stehen. Die Folge war, dass sich der Einkäufer sehr große Mengen an Kartonagen aufs Lager gelegt und manuell immer wieder die Bestände überprüft hat.
> Trotz dieser manuellen Bestandsüberwachung kam es immer wieder vor, dass keine Kartonagen für den Versand der Produkte zur Verfügung standen.

Um dieser Problematik entgegenzuwirken, wurde ein System entwickelt, das folgende Merkmale aufweist:

- Selbststeuerndes System ohne PPS
- Einfache Regelmechanismen
- Niedrige Bestände
- Hohe Lieferfähigkeit

12.1.1 Auswahl der Kanban-geeigneten Produkte

Ausgewählt wurden die Kartonagen, bei denen ein gleichmäßiger bis leicht schwankender Bedarf vorliegt. Zugrunde gelegt wurden die Verbrauchszahlen des Vorjahres (Tabelle 7).

Tabelle 7: Auswahl der Kanban-Produkte

Artikel Nr.	Jahresverbrauch	Ø Monatsverbrauch	Min. Monatsverbrauch Max. Monatsverbrauch	Kanban-geeignet?
A	13 500 Stück	1125 Stück	800 Stück	Ja
			1300 Stück	
B	13 300 Stück	1108 Stück	900 Stück	Ja
			1300 Stück	
C	3 000 Stück	250 Stück	200 Stück	Ja
			280 Stück	
D	6 000 Stück	500 Stück	420 Stück	Ja
			610 Stück	
E	1000 Stück	83 Stück	0 Stück	Nein
			400 Stück	
F	2500 Stück	208 Stück	185 Stück	Ja
			230 Stück	
G	1600 Stück	133 Stück	10 Stück	Nein

Artikel **E** und **G** wurden als nicht Kanban-geeignet eingestuft, da diese Artikel sehr große Verbrauchsschwankungen innerhalb einer Betrachtungsperiode aufwiesen.

Bei Artikel **E** wurden z. B. 400 Stück im Mai benötigt, in den darauf folgenden Monaten dagegen zwischen 0 und 10 Stück. Will man hier eine Kanban-Steuerung einführen, müssten unnötig hohe Bestände bevorratet werden, um die Verbrauchsschwankungen auszugleichen.

12.1.2 Auswahl der Sachmittel

Die Kartonagen werden auf Europaletten angeliefert (Tabelle 8).

Tabelle 8: Auswahl der Mengen und Sachmittel

Artikel Nr.	Anzahl der Kartonagen je Europalette
A	200 Stück
B	200 Stück
C	80 Stück
D	100 Stück
F	70 Stück

12.1.3 Systemdimensionierung

Die notwendige Anzahl an Transport-Kanbans (Europaletten) hängt im Wesentlichen von dem Bedarf eines Produkts innerhalb einer Periode und von seiner Wiederbeschaffungszeit ab.

$$Y = \frac{D \times WBZ \times (1 \times SF)}{SM}$$

Y = Anzahl der Transport-Kanbans
D = Durchschnittlicher Teilperiodenbedarf
WBZ = Wiederbeschaffungszeit
SF = Sicherheitsfaktor

SM = Standardmenge je Transport-Kanban
Beispiel: Artikel A
D = 1125 Stück pro Monat (= 50 Stück pro Tag)
WBZ = 3 Arbeitstage
SF = 3
SM = 200 Stück

$$Y = \frac{50\ \text{Stück}/_{\text{Tag}} \times 3\ \text{Tage} \times (1 + 3)}{200\ \text{Stück}}$$

Y = 3 Transport-Kanbans

Ergebnis

Aufgrund der gegebenen Werte ist eine Kanban-Menge von drei Europaletten mit jeweils 200 Stück (Kartonagen) ausreichend.

Anzahl der Transport-Kanbans bei den übrigen Kartonagen (nach obiger Berechnung siehe Tabelle 9):

Tabelle 9: Systemdimensionierung

Artikel Nr.	Anzahl der Transport-Kanbans
A	3
B	3
C	2
D	3
F	2

12.1.4 Funktionsweise des Kanban-Systems

Die Kartonagen werden auf genau definierten Stellplätzen abgestellt, je nach Anzahl der Transport-Kanbans werden zwei oder drei Paletten übereinander gestapelt. Die Mitarbeiter in der Produktion (Verbraucher) entnehmen die Kartonagen von der obersten Palette zuerst.

Hat der Bestand an Kartonagen so weit abgenommen, dass die unterste Palette (eiserner Bestand) angebrochen werden muss, nimmt der Mitarbeiter oder der Verantwortliche des Lagers das am Klemmbrett an der untersten Palette angebrachte Bestellformular und schickt es per Fax an den Kartonagenlieferanten (Bild 68). In diesem Beispiel erfolgt die Abwicklung nach wie vor per Fax, per E-Mail oder dergleichen lässt sich das Ganze selbstverständlich genauso umsetzen.

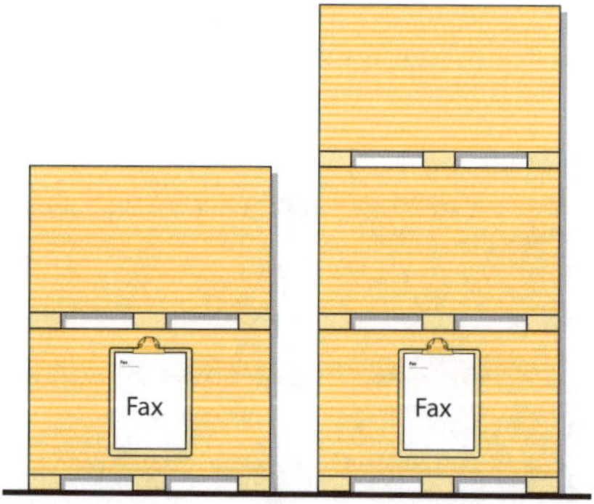

Bild 68: Kanban-Steuerung mit Kartonagen

Der Lieferant verpflichtet sich, nach Erhalt der Bestellung per Fax durch den Mitarbeiter, innerhalb der vereinbarten Wiederbeschaffungszeit die vereinbarte Menge an Kartonagen anzuliefern (Bild 69).

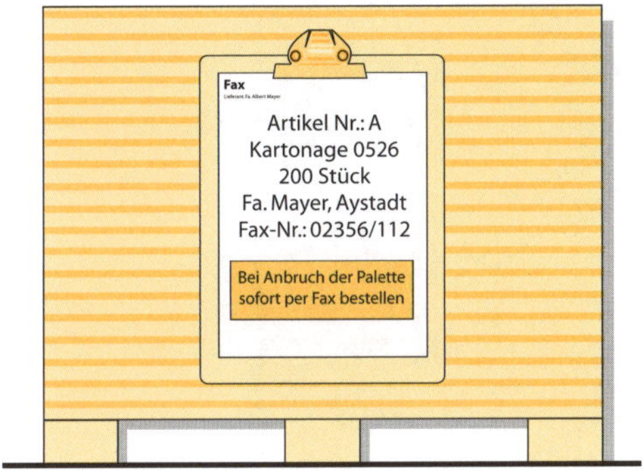

Bild 69: Bestellformular auf der untersten Palette

Bei der Anlieferung ist zu beachten, dass die unterste Palette, also der ehemalige eiserne Bestand, zur obersten Palette wird (**First-in-/First-out-Prinzip**).

Wurde das Bestellformular an den Lieferanten gefaxt, wird es wieder am Klemmbrett befestigt, allerdings mit der Rückseite nach vorne. Auf der Rückseite steht *Bestellung ausgelöst*. Daran erkennt jeder Mitarbeiter, dass Kartonagen bereits bestellt sind (Bild 70).

Bild 70: Information „Bestellung ausgelöst“

12.1.5 Funktionsweise

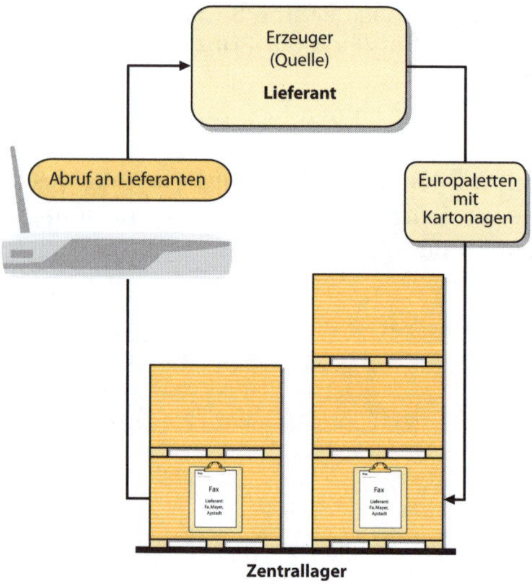

Bild 71: Kanban-Regelkreis Lieferant – Zentrallager per Faxabruf

12.1.6 Spielregeln

Der Lieferant verpflichtet sich, die bestellten Kartonagen...

- innerhalb der vereinbarten Wiederbeschaffungszeit
- in der vereinbarten Menge
- in der gewünschten Qualität
- an den richtigen Ort anzuliefern.

Das First-in-/First-out-Prinzip ist bei der Anlieferung von Kartonagen unbedingt zu beachten.

Das Unternehmen verpflichtet sich ...

- die vereinbarten Mengen abzunehmen (Jahresabrufmenge).
- größere Bedarfe (z. B. einmaliger Großauftrag) dem Lieferanten rechtzeitig mitzuteilen.
- Produktänderungen oder Verbrauchsänderungen dem Lieferanten rechtzeitig mitzuteilen.

Der Kanban-Koordinator und der Lieferant vereinbaren regelmäßige Audits zur Sicherung der Qualität und Zuverlässigkeit. Die Steuerung mittels Faxabruf hat sich als sicher und zuverlässig erwiesen. Selbstverständlich kann für die Übermittlung der Daten auf andere Techniken zurückgegriffen werden. Hier ist die Verwendung von aktuellen Messenger Diensten zu nennen.

12.1.7 Nutzen

Durch die Umstellung auf einen selbststeuernden Regelkreis konnten folgende Einsparungen verwirklicht werden:

- Keine Bestellungen mehr durch den zentralen Einkauf
- Keine Verwaltung von Bestellvorschlägen oder Bestellungen innerhalb des PPS-Systems
- Rechnungskontrolle entfällt; dem Lieferanten wird nach Erhalt der Ware der vereinbarte Betrag sofort gutgeschrieben
- Keine Zu- und Abgangsbuchungen innerhalb des PPS-Systems
- Niedrige Bestände durch Just-in-Time-Lieferungen
- Hohe Bestandssicherheit
- Liefertermin- und Bestandsüberwachung direkt beim Verbraucher

13 Elektronischer Kanban

Kanban im PPS-System

Die Steuerung und Planung in produzierenden Unternehmen erfolgt sehr oft mit IT-gestützten integrierten Produktions- und Planungssystemen. Vorteil dieser Systeme ist eine hohe Integration aller Daten von Finanzbuchhaltung, Materialwirtschaft, Produktion und Vertrieb bis hin zur Personalverwaltung. Wird eine Kanban-Steuerung außerhalb des PPS-Systems eingeführt, muss unter Umständen die Bestandsführung und Lagerverwaltung dieser Kanban-Produkte manuell im bestandsführenden System nachgepflegt werden. Aus diesem Grund bieten einige PPS-Hersteller (z. B. SAP) die Möglichkeit, Kanban innerhalb des PPS-Systems zu realisieren.

Grundlage ist nach wie vor die Kanban-Karte (Bild 72).

Bild 72: Kanban-Karte für elektronischen Kanban

Die Kanban-Karte kann mit zwei Barcodes versehen werden. Wird in der Produktion Material aus dem Behälter verbraucht und der Behälter ist leer, meldet der Werker mit Hilfe eines Barcode-Lesegerätes innerhalb des PPS-Systems den Behälter „leer“. Mit dieser Meldung wird die Produktion oder die externe Beschaffung weiterer Teile angestoßen.

Funktionsweise

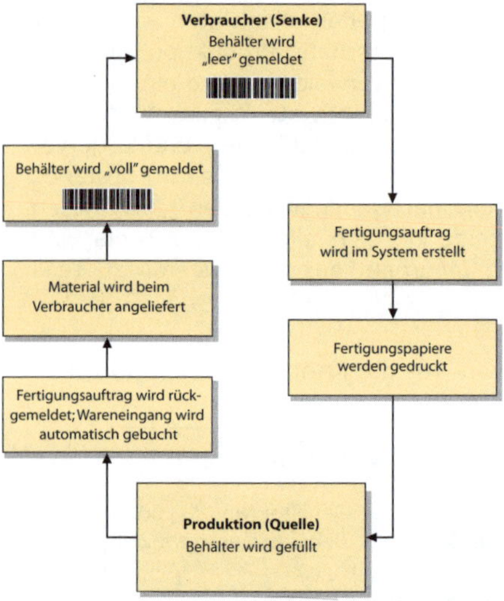

Bild 73: Kanban-Regelkreis im elektronischen Kanban

Mit Hilfe einer Plantafel im PPS-System wird visuell dargestellt, wie viele volle und leere Kanban-Behälter für das entsprechende Produkt im Umlauf sind.

Wird ein elektronischer Kanban mit externen Lieferanten angestrebt, wird anstelle eines internen Fertigungsauftrages eine Bestellung ausgelöst, und zwar bei der Meldung

„Behälter leer“. Die Bestellung wird danach automatisch an den Lieferanten gesendet. Bei der Anlieferung der Ware wird über Barcode der Behälterstatus auf „voll“ gesetzt. Dadurch erfolgt automatisch der Wareneingang auf das Lager.

Der Lieferant hat außerdem die Möglichkeit, über Internet die entsprechende Kanban-Plantafel einzusehen, um selbstständig den Status des Kanban-Behälters auf „in Arbeit“ oder „voll“ zu setzen.

Um eine sichere Datenerfassung zu gewährleisten *beinhalten elektronische Kanban-Lösungen mittlerweile vielfältige* Möglichkeiten zum Datenaustausch. Mit Hilfe von geeigneten Sendeprotokollen und Warenbegleitpapieren bis hin zu Rechnungen nach Anliefer- und Kostenstellenstrukturen können Bestellungen und Warenbewegungen sicher und schnell übermittelt und abgewickelt werden.

Viele Lieferanten bieten hierzu individuelle Lösungen.

14 Der Einsatz von Kanban Boards

Neben der hier vorgestellten Kanban-Methode wird vor allem bei der Wissensarbeit eine Kanban-Variante eingesetzt, bei der das sogenannte Kanban Board (Bild 74) eine zentrale Rolle spielt. Bei dieser Variante stehen zwei Aspekte im Mittelpunkt: das Pull-Prinzip und das Eingrenzen paralleler Arbeit.

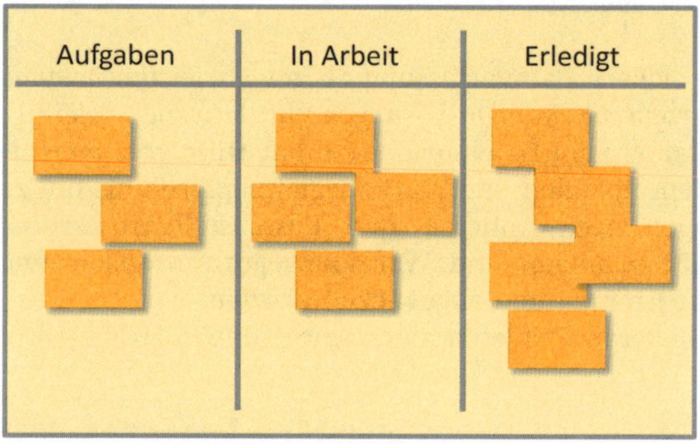

Bild 74: Einfaches Kanban Board

Die Mitglieder eines Teams treffen sich in regelmäßigen Abständen vor dem Kanban Board (von täglich bis einmal wöchentlich) und besprechen kurz den Arbeitsfortschritt. Das Board erhöht die Transparenz, bietet einen schnellen Überblick über den Arbeitsprozess und fördert die Zusammenarbeit.

Für einen definierten Zeitabschnitt (ein bis vier Wochen) werden im Feld „Aufgaben" die anstehenden Aufgaben auf Karten notiert und gesammelt und dann je nach Erledigungsgrad weitergeschoben. Wer was übernimmt wird gemeinsam im Team geklärt. Wird eine Karte nicht weitergeschoben, wird dies sofort sichtbar und es kann gemeinsam nach Lösungen gesucht werden. Das Kanban Board sollte zentral und für alle zugänglich platziert und kann auch als virtuelle Lösung (z. B. Jira oder Slack) eingesetzt werden.

Voraussetzung für diese Kanban-Variante sind Vertrauen, Selbstorganisation und Mitarbeit. Sie findet daher auch sehr häufig im Rahmen der agilen Arbeitsweise Anwendung.

Folgende Praktiken sollten bei der Umsetzung beachtet werden:

- Immer möglichst nur eine Aufgabe bearbeiten
- Erst dann eine weitere Aufgabe anfangen, wenn die vorherige erledigt ist (Limitierung der parallelen Arbeit)
- Konzentration auf den Arbeitsdurchfluss
- Offenlegung der Prozessregeln
- Implementierung von Rückkopplungsschleifen
- Gemeinsame Verpflichtung zur ständigen Verbesserung
- Akzeptanz der Rollen und Verantwortlichkeiten

Literatur

Anderson, David J.: Kanban. Evolutionäres Change Management für IT-Organisationen. dpunkt.verlag, Heidelberg 2011.

Boutellier, Roman/Locker, Alwin: Beschaffungslogistik; Carl Hanser Verlag, München, Wien 1998.

Knoblauch, Jörg/Frey, Jürgen/Kummer, Rolf/Stängle, Lars: Unternehmens-Fitness – Der Weg an die Spitze; Gabal Verlag, Offenbach 2. Aufl. 2001.

Knoblauch, Jörg/Kurz, Jürgen/Frey, Jürgen/Küstenmacher, Werner Tiki/Kobjoll, Klaus: Die TEMP-Methode: Das Konzept für Ihren unternehmerischen Erfolg. Campus Verlag, Hamburg 2009.

Koether, Reinhard/Kurz, Bernhard/Seidel, Uwe A.: Betriebsstättenplanung und Ergonomie; Carl Hanser Verlag, München, Wien 2001.

Kurz, Jürgen/Miller, Marcel: So geht Büro heute! Erfolgreich arbeiten im digitalen Zeitalter. Whitebooks, 26.02.2019.

Ohno, Taiichi: Das Toyota-Produktionssystem; Campus Verlag, Frankfurt u. a. 1993.

Suzaki, Kiyoshi: Die ungenutzten Potentiale; Carl Hanser Verlag, München, Wien 1994.

Suzaki, Kiyoshi: Modernes Management im Produktionsbetrieb; Carl Hanser Verlag, München, Wien 1989.